A CURA DO CÉREBRO

ADRIANA FÓZ

A CURA DO CÉREBRO

Meu AVC e a arte de reconfigurar suas emoções

4ª EDIÇÃO

:ns

São Paulo, 2024

A cura do cérebro – meu AVC e a arte de reconfigurar suas emoções
4ª EDIÇÃO
Copyright © 2024 by Adriana Fóz.
Copyright © 2024 by Novo Século Editora Ltda.

Diretor Editorial: Luiz Vasconcelos
Produção editorial: Graziele Sales
Edição: Renata Valério de Mesquita
Preparação: Lucas Cartaxo
Revisão: Daniela Nogueira e Angélica Mendonça
Diagramação: Marília Garcia
Capa: Raul Ferreira
IMPRESSÃO E ACABAMENTO: Gráfica Plena Print

Texto de acordo com as normas do Novo Acordo Ortográfico da Língua Portuguesa (1990), em vigor desde 1º de janeiro de 2009.

Dados Internacionais de Catalogação na Publicação (CIP)
Angélica Ilacqua CRB-8/7057

Fóz, Adriana
  A cura do cérebro : meu AVC e a arte de reconfigurar suas emoções / Adriana Fóz. – 4. ed. - Barueri, SP : Novo Século Editora, 2024.
  208 p.

ISBN 978-65-5561-889-1

1. Neuroplasticidade 2. Acidente vascular cerebral – Pacientes – Reabilitação
2. Fóz, Adriana - Autobiografia I. Título

24-4262   CDD-926.1681

Índice para catálogo sistemático:
1. Acidente vascular cerebral – Pacientes – Reabilitação

ns
uma marca do
Grupo Novo Século

GRUPO NOVO SÉCULO
Alameda Araguaia, 2190 – Bloco A – 11º andar – Conjunto 1111
CEP 06455-000 – Alphaville Industrial, Barueri – SP – Brasil
Tel.: (11) 3699-7107 | E-mail: atendimento@gruponovoseculo.com.br
www.gruponovoseculo.com.br

Dedico este livro a todas as pessoas que passaram pelo sofrimento e aprendizado de um derrame cerebral; àqueles que estão em recuperação e também aos que lutaram, sejam crianças, adolescentes ou adultos.

E também às suas famílias e amigos, que compartilharam da experiência de coragem, conquistas e afeto.

AGRADECIMENTOS

Este livro só pôde ser realizado porque contei com o apoio, a sabedoria e o carinho de pessoas muito queridas, comprometidas e competentes

Nesta 4ª edição, não posso deixar de agradecer à Editora Novo Século pelo empenho em realizar mais uma edição deste livro.

Meu profundo agradecimento a Dr. Reynaldo Brandt, Paulo Machado Veloso, Anita Taub, Ercy Santos Hanitzsch, Dra. Lúcia Iracema Zanotto de Mendonça, Dr. Luis Altenfelder, Lars Grael e Padre Marcelo Rossi. Afinal, continuam nas páginas deste livro.

Não posso deixar de lembrar daqueles que estiveram comigo na 1ª edição, como Eduardo Shinyashiki, James McSill, Kyanja Lee, Regina Giannetti, Beatriz Brejon, Tete Schmidt, Rosangela Lutti, Anna Luiza Osser, Dr. Elkhonon Goldberg, Vânia Menezes, Heloisa Moraes Barros, Dom Fernando A. Figueiredo, Maria Antonieta Foz, Cícero Fóz, Susana Foz Caltabiano, Alexia Achatz, Christiana P. F. Otterloo, Ticha Gregori, José Gregori, Dr. Rodrigo A. Bressan, Dr. Moacyr Scliar, Dra. Roseli Shavit, Yara Coltro e Antonio Ganesh.

Meu eterno agradecimento de amor a Marcello Falco, que continua meu grande incentivador e apoio desde o processo de três anos de compilações, pesquisas e escrita da 1ª edição até, agora, na 4ª edição. Toda biografia é um ato de coragem, que só foi possível por eu estar ao seu lado.

SUMÁRIO

PREFÁCIO 11

INTRODUÇÃO 15

CAPÍTULO 1 – **POR ONDE COMEÇAR A VIDA AOS 32 ANOS?** 17

CAPÍTULO 2 – **DE ANDADOR PELOS TRILHOS** 23

CAPÍTULO 3 – **POUCO SOBROU DE MIM** 28

CAPÍTULO 4 – **CASTELOS DE AREIA** 32

CAPÍTULO 5 – **COLECIONADORA DE VASSOURAS** 36

CAPÍTULO 6 – **DE NEUROCURIOSA À NEUROPSICÓLOGA** 43

CAPÍTULO 7 – **LIGAR OS PONTOS: EDUCAÇÃO, EMOÇÃO E NEUROCIÊNCIAS** 47

CAPÍTULO 8 – **A MORTE** 54

CAPÍTULO 9 – **A MINHA VIDA "PERFEITA"** 60

CAPÍTULO 10 – **O DIA "D"** 64

CAPÍTULO 11 – **QUASE MORTE, QUASE VIDA** 73

CAPÍTULO 12 – **UM DIA POR VEZ** 81

CAPÍTULO 13 – **OS MISTÉRIOS DA MEMÓRIA** 89

CAPÍTULO 14 – **POR QUE UM DERRAME AOS 32 ANOS?** 97

CAPÍTULO 15 – **APRENDENDO SOBRE ESCOVA DE DENTES** 99

CAPÍTULO 16 – **EMOÇÃO E PACIÊNCIA** 105

CAPÍTULO 17 – **PRIORIZAR É PRECISO!** 112

CAPÍTULO 18 – **EU, UMA "CRIANÇA" PRECISANDO DE LIMITES** 118

CAPÍTULO 19 – **SOU A PROTAGONISTA DA MINHA HISTÓRIA** 122

CAPÍTULO 20 – **EFEITO BORBOLETA** 127

CAPÍTULO 21 – **O CÉREBRO É PLÁSTICO** 135

CAPÍTULO 22 – **PRAZER E INTUIÇÃO** 143

CAPÍTULO 23 – **ENTRE PALHAÇOS E PIERCINGS** 153

CAPÍTULO 24 – **SOMOS A SOMA** 161

CAPÍTULO 25 – **O QUEBRA-CABEÇA RECONFIGURADO** 165

CONSIDERAÇÕES FINAIS 173

EPÍLOGO – **EMOCIONO, LOGO EXISTO** 175

POSFÁCIO 179

DEPOIMENTOS 181

BIBLIOGRAFIA E REFERÊNCIAS 188

NA PRÁTICA – **EXERCITANDO A PLASTICIDADE EMOCIONAL** 191

GUIA – **INFORMAÇÕES GERAIS SOBRE O AVC** 202

PREFÁCIO

Por volta dos anos de 1990, os neurocientistas Jacobs e Scheibel, por meio de pesquisas, descobriram que as mulheres possuem habilidades verbais superiores às dos homens; uma prova disso é a forma sensível, emocionante e carregada de conhecimento neurocientífico e psicológico que Adriana utilizou para contar sua vivência e sobrevivência em relação ao derrame cerebral ao qual foi acometida. Poucos homens seriam capazes de relatar dessa forma o drama vivenciado por quem perde, repentinamente, todas as referências que os constituem como pessoa.

A lesão cerebral por ela sofrida fez com que perdesse neurônios, e em consequência desse fato seu cérebro passou a sentir falta de estruturas neuronais necessárias ao aprendizado de novas funções. O que a Adriana nos conta neste livro é como procurou novas maneiras de resolver problemas, reorganizou seu cérebro, estimulando-o a fazer novas conexões – portanto, a fazer mais com menos –; e, mesmo com todo esse esforço, fez com que o seu cérebro produzisse novos circuitos neuronais, ou seja, estimulou a plasticidade cerebral.

É emocionante acompanhar, através deste livro, sua reabilitação neuropsicossocial e saber que seus tremendos esforços renderam uma plasticidade cerebral e emocional que transformaram positivamente sua vida e a recuperaram totalmente. Adriana nos conduziu em sua aventura ao estabelecer, de forma criativa, sua recuperação e reabilitação. Ela, provavelmente por conhecimentos neuropsicológicos anteriores ao derrame, utilizou-os na prática e fez com que seu cérebro produzisse moléculas chamadas "fatores de crescimento", que influenciaram sua neurogênese.

É de pleno conhecimento que o cérebro é constituído por cerca de cem bilhões de neurônios – nome da célula nervosa que, por sua vez, apresenta prolongamentos denominados dendritos. O conjunto de neurônios formam as redes neuronais responsáveis pelas mais variadas funções do corpo humano e de nossa vida em relação com o meio ambiente e com os outros. Da mesma forma que uma lesão cerebral altera essas redes neuronais, um estado emocional repercute sobre as redes neuronais e pode alterar a arquitetura e a plasticidade cerebral.

A neuroplasticidade é um processo que inclui uma remodelação dos dendritos, a formação de novas sinapses, a proliferação de axônios e a neurogênese (processo de nascimento de novos neurônios). Esta, por sua vez, é estimulada ou inibida por estímulos ambientais, conforme contribuam ou não para a harmonia psicobiológica. Vivências pessoais podem regular a sobrevivência de neurônios recém-formados e sua capacidade de integração às redes existentes; acredita-se que haja uma relação entre neurogênese e atividade física e mental.

Sabemos que as terapias, de forma geral, aumentam a atividade cerebral, que nada mais é do que a mobilidade na formação de novas sinapses e sistemas de redes que se constituem a partir de estímulos externos. Baseadas nesse conceito, a psicoterapia e a reabilitação psicossocial tornam-se fundamentais para a recuperação de pessoas portadoras de transtornos depressivos, psicóticos, de estresse pós-traumático de ansiedade etc., assim como para a recuperação de pessoas portadoras de disfunções neurofisiológicas que ocasionam dificuldade no aprendizado, na organização pessoal e profissional e na própria maneira de conduzir a vida – e, claro, também é fundamental para a recuperação de indivíduos que sofreram lesão cerebral.

Adriana, em sua clínica, promove seu método psicoeducacional, uma profunda transformação na vida de seus clientes, levando dessa forma a uma reorganização de redes neuronais que constitui o que conceitua como plasticidade emocional. O leitor, por meio do livro de Adriana, entenderá muito melhor o que estou citando de forma muito sintética.

Em seu relato, Adriana expõe corajosamente sua vida, mostrando como o esforço pessoal e outros fatores positivos, advindos principalmente de seus familiares e amigos, estimulam sua recuperação e como poucos fatores negativos atrapalharam esse processo. Nessa exposição de vida, o antes e o depois do derrame tornaram-se fundamentais para identificar a pessoa e o seu mundo particular.

Certamente, Adriana com o seu livro está ajudando muitas pessoas e familiares que passam ou passaram por transtornos psíquicos, traumas emocionais ou acidentes que causaram lesão cerebral – e como consequência a perda de referências fundamentais que identificam a pessoa a seu mundo particular.

O conceito de plasticidade cerebral já é conhecido, mas o de plasticidade emocional leva a sua assinatura.

Luis Altenfelder Silva Filho

Psiquiatra (HC-FMUSP) e Mestre em Medicina
Professor e Supervisor de Psicodrama
pela Federação Brasileira de Psicodrama
Ex-diretor do Centro de Reabilitação e Hospital-Dia
do Hospital das Clínicas da Faculdade de Medicina
da Universidade de São Paulo

INTRODUÇÃO

Pode ser uma depressão, a falência dos negócios, o fim do casamento ou a perda de alguém querido. Pode ser um AVC ou outro problema de saúde. Pode ser qualquer situação que acontece à revelia e tira o chão sob seus pés; ou, até mesmo, envelhecer e precisar encarar as dores e as delícias da longevidade. Então, você se olha no espelho e não reconhece a imagem desorientada refletida nele, esquadrinha o que se tornou sua vida e só enxerga os cacos do que ela já foi algum dia. De repente, se percebe mergulhado no caos. Perde as referências, o norte, o rumo. Então, vem o medo de ficar preso nisso para sempre, vem o pensamento que congela... e paralisa.

Mas há sempre, ao menos, um caminho. Há sempre a possibilidade da plasticidade neural e da plasticidade emocional, as quais nos permitem superar desafios, aprender novos conhecimentos e conquistar competências. E o que é melhor: nos permitem encontrar sentido e desfrutar do prazer pela vida.

Costumo dizer que as emoções unem o corpo ao cérebro. Te convido para uma viagem entre sinapses, lágrimas e vida.

CAPÍTULO 1
POR ONDE COMEÇAR A VIDA AOS 32 ANOS?

O carro de Paulo cruzou o portão verde de ferro e entrou na pequena rua sem saída, com casas apenas de um lado. Casas todas iguais, de cores clarinhas, janelas brancas e delicados jardins. Defronte à última residência da rua, o veículo fez uma suave curva, embicando na garagem. Eu não conseguira reconstituir nada em minha mente durante todo o trajeto do hospital até ali; nada me parecia familiar de dentro da janela, na condição de passageira do desconhecido. Deduzi que ali deveria ser o nosso destino, pois Paulo desligou o carro. O único ruído ocorria no interior do meu cérebro, processando a mudança de ambiente. *Chegamos. Chegamos. Eu devo morar aqui.*

Ajudada pelo meu marido, saí do automóvel. Com meus passinhos de tartaruga, andei em direção a uma grande porta branca, que se abriu para mim. Cruzando o umbral, me vi no hall de entrada com degraus que subiam à minha frente, mais degraus que descem à esquerda, e pensei: *Nossa, quantas escadas! Não vou conseguir...* Ele olhou encorajadoramente para mim, enquanto me dava a mão para eu caminhar, a passos vacilantes ao seu lado.

— É bom estar de volta à casa, não, Adriana?

Não respondi.

— Depois de tantos dias num ambiente de hospital, nada como chegar à sua casa e dormir na própria cama, não é mesmo? – a sua voz me trouxe de volta à realidade.

Por realidade, eu tinha na minha frente uma casa que me apresentaram como sendo minha e na qual, supostamente, deveria estar feliz por entrar. Longe, entretanto, da sensação de conforto e alívio esperada, o frio que me perpassou a espinha sinalizava: meus problemas apenas começariam a partir dali.

Respirei fundo e sorri, tentando mostrar que estava tudo bem. Na verdade, nada me soava familiar naquele local, cuja lembrança estava perdida em algum lugar da minha memória. Naquele momento, dei-me conta do terremoto que sacudiu minha vida e do quanto estava dependente dos outros.

Não sentia minha mão, tampouco a perna e o braço direitos. Sem conseguir coordenar os movimentos, com passos robóticos, levava, primeiramente, a mão e a perna esquerdas à frente, para, em seguida, levar as do lado direito. A visão refratada fazia com que eu enxergasse os objetos em desnível, desfocados. Nas janelas, as cortinas esvoaçavam e as flores que ornavam o seu tecido – tais borrões indistintos – pareciam saltar da trama. Tudo parecia se encontrar solto dentro da minha cabeça; mal conseguia levar a mão direita à maçaneta.

O pior é que eu queria e precisava dizer o que sentia ao meu marido, embora nem mesmo ele eu tivesse reconhecido ainda. Mas diante de seus olhos arregalados, me contive e apenas balbuciei:

– Está... tudo bem... – Com a mente completamente desorganizada, a minha fala apresentava-se confusa. Por razões que desconhecia, as palavras deviam estar saindo ininteligíveis de minha boca ou, no mínimo, sendo otimista, atrapalhadas. Além de solto, tudo oscilava no interior do meu exaurido cérebro. Por que a minha mente estaria tão desarranjada?

Eu tinha consciência do presente, entretanto, não me lembrava do que havia vivido nem aprendido até então: não havia registro de fato algum dentro de mim. Havia um buraco enorme na minha mente que parecia me tragar pela ausência de referências acerca do que fazer, como me portar, para qual lado da casa ir ou qual roteiro seguir. Tal uma atriz de tragédia grega diante da estreia de uma peça experimental, me sentia vulnerável diante do palco, sem que houvesse roteiro decorado, nem espectadores e, tampouco, iluminação. Minhas mãos suavam e tremiam, enquanto meu coração disparava, ao girar o olhar de maneira muito lenta, por longos minutos, diante daquela sala que levava a tantos outros espaços desconhecidos.

Foi marcante e doloroso aquele dia em que eu retornei para casa depois de quase um mês de hospital, entre UTI, semi-UTI e quarto. Quase um mês desde o momento em que minha médica me deu a notícia na sala de ressonância:

– Seu cérebro está sangrando... Você está tendo um derrame – dissera-me ela, com voz embargada e atônita, os olhos em lágrimas.

Como alguém com apenas 32 anos de idade conceberia a ideia de ter um derrame cerebral? Ao acompanhar a minha difícil saga rumo à reabilitação de todas minhas capacitações, você entenderá os motivos que me levaram a tal encruzilhada e por que ocorreu o gatilho desse fator de risco, bem mais comum a pessoas com pelo menos duas décadas de vida a mais do que eu.

O derrame havia afetado algumas áreas do meu cérebro, dentre elas a região hipocampal e a região talâmica, epicentro do meu terremoto neurológico. E para ser mais precisa: a porção posterior do tálamo, parte da radiação da cápsula interna e extensão ao hipotálamo esquerdo, além do globo pálido. Fazendo uma analogia com o computador, meu processador central e meu HD haviam sofrido uma pane. Conhecimentos, palavras, lembranças, nomes de pessoas conhecidas e tudo o mais que estava armazenado na memória continuavam ali, entretanto, o meu cérebro não fazia as conexões necessárias para recuperar nem dar sentido às informações.

Assim como quando vemos um rosto conhecido e não conseguimos nos recordar a quem pertence, eu tinha a sensação de saber que sabia, mas não conseguia dar sentido àquelas lembranças. Como um quebra-cabeça desmontado – com as peças espalhadas, algumas faltantes –, precisava me remontar, peça por peça. De que forma – eu me angustiava –, se não conseguia ter a visão do meu todo? Por onde começar? Eu estava literalmente despedaçada.

Apavorada, pousei a cabeça, pesada como chumbo, no travesseiro – daquela vez o meu, do meu quarto, na minha cama –, mirando o teto, que deveria me ser tão familiar como a bela luminária dependurada no alto, que eu contemplava. Escolha minha? Aquele era o meu gosto estético?

Eu pensava: *Meu Deus, o que vai ser de mim? Será que minha vida vai acabar desse jeito? Nunca mais voltarei a ser a mesma? Como posso ser eu novamente?*. Seria tão bom se para isso houvesse um modelo pronto para seguir, como o kit "Faça você mesma suas unhas de porcelana": passo 1, passo 2, passo 3. Melhor ainda se esse modelo tivesse uma garantia, como: se você não ficar satisfeita, devolvemos seu dinheiro. Infelizmente, a vida não é assim. Não havia modelos nem manuais de instrução a me explicar como me remontar.

Iniciava-se ali uma fase de muito sofrimento e, por outro lado, de surpresas e aprendizado. Hoje, estou recuperada, com sequelas mínimas. Milagre? Destino? Força de vontade? Bem, caro leitor, é sobre o aprendizado que vivi a partir do antes e depois de um derrame cerebral que vou lhe contar neste livro. Se você estiver disposto a acompanhar minha narrativa, descobrirá os segredos em cada uma das etapas de reabilitação – que também a mim foram desvendados de maneira gradativa.

* * *

Minha reabilitação surpreende a maioria das pessoas, já que é bem usual que as vítimas de derrames fiquem com sequelas para o resto da vida. Segundo dados de 2023 da Organização Mundial da Saúde (OMS), as doenças cardiovasculares seguem sendo a primeira causa de morte no mundo há pelo menos duas décadas, da mesma forma que os derrames cerebrais são o principal fator de incapacitação e redução da qualidade de vida. No Brasil não é diferente: desde a década de 1990, as doenças cerebrovasculares, especialmente AVCs, são a principal causa de morte, de acordo com o Sistema de Informações sobre Mortalidade (SIM), do Ministério da Saúde, o Datasus.

Mas, longe de ser um milagre, em meu caso particular a recuperação foi possível devido a uma capacidade natural do cérebro chamada **plasticidade cerebral**, que permite reorganizar sua estrutura e seu funcionamento. Considero não menos importante o papel desempenhado pela minha equipe de cuidadores, além de minha própria força de vontade, nesta história que vou compartilhar com você.

A neuroplasticidade acontece em todas as fases da vida, apesar de ser mais potente na infância e adolescência.

O que faz essa tal plasticidade? No caso de uma lesão cerebral, em que um grupo de neurônios é danificado e a pessoa perde a capacidade de realizar determinadas funções, a plasticidade transfere essas funções para um grupo saudável de neurônios, permitindo sua execução novamente. Os neurônios são as células do sistema nervoso que comunicam sinais elétricos e químicos em um diálogo contínuo e adaptativo, moldado pelas experiências e necessidades do organismo. Comunicam as sensações, dentre outros processos, de todo o corpo para o cérebro e também enviam os comandos – decisões voluntárias ou involuntárias – do cérebro para o corpo. É como se o cérebro fosse o chefão de uma empresa e os neurônios, os funcionários. A comunicação entre essas células é muito interessante, porque não têm nenhum ponto de contato entre si. As mensagens entre elas são transmitidas principalmente por meio dos neurotransmissores, como os famosos dopamina e serotonina. Esse processo de comunicação é chamado de sinapse, que são as "pontes" que permitem a passagem de mensagens e comandos que chegam ou saem do cérebro. Tudo em questão de milissegundos!

A qualidade da reabilitação varia de acordo com a gravidade da lesão sofrida, a região cerebral afetada e a rapidez com que a vítima é socorrida, bem como sua idade – embora sempre se possa contar com algum grau de recuperação.

Se essa incrível capacidade de recuperação do cérebro fosse apenas uma esperança para quem sofreu uma lesão neurológica, já seria ótimo. Entretanto, ela é ainda mais maravilhosa e promissora do que você pode imaginar: é a chave para a superação de outras crises que desorganizam nossa existência. Também é a capacidade essencial para quem deseja viver com mais equilíbrio neste atribulado mundo em constantes transformações, que exige de nós muita flexibilidade para encontrar caminhos alternativos. Esses caminhos, atalhos e pontes são mais bem reconstruídos ou inaugurados mediante o poder de nossas emoções. E, quando treinamos de modo consciente certas competências emocionais, como a paciência ou a perseverança, podemos melhorar nosso desempenho. O processo de estimulação, percepção, identificação de emoções e, os exercícios que fazemos por meio das competências emocionais resulta no que chamo de plasticidade emocional.

São minhas experiências com as plasticidades cerebral e emocional, bem como as formas de estimulá-las, que desejo compartilhar neste livro. Isso na condição de educadora e psicopedagoga, e, acima de tudo, de alguém que vivenciou, em poucas horas, a perda de quase todas as suas habilidades motoras e intelectuais, hoje recuperada. Tornei-me especialista em Neuropsicologia. Estou em constante contato com pessoas que apresentam as mais variadas necessidades por meio dos atendimentos que realizo em meu consultório, das palestras que dou e dos cursos que promovo. Algumas sofreram um AVC e encontram-se em fase de reabilitação, passando pelas mesmas etapas pelas quais passei. Há aqueles em profunda tristeza e aqueles que buscam encontrar seu propósito ou sua vocação, bem como os que não se adaptam à escola, os que enfrentam uma crise de ansiedade ou quem se encontra com dificuldade na memória – dentre tantos outros casos. Você acha que são histórias diferentes? Pois nas próximas páginas você descobrirá que têm muito em comum e podem ser transformadas por meio da plasticidade.

CAPÍTULO 2
DE ANDADOR PELOS TRILHOS

Somente a partir do momento em que pus os pés em casa de novo – transpondo a porta através da qual, quase um mês antes, havia saído carregada – é que tive o choque da realidade. Era estranho: durante todo o tempo que passei no hospital, não havia conseguido acessar nenhuma imagem, nenhuma lembrança de meu lar. Mas, ao me reencontrar com ele, embora não soubesse como era meu quarto ou como me dirigir ao banheiro, tive a sensação de que tudo ali me era familiar. Havia, entretanto, algo em minha mente que bloqueava esse reconhecimento, o que me transmitia uma impressão difusa – mas crescente – de angústia. *Meu... Deus... Meu Deus do céu, o que está acontecendo comigo? O que eu estou vivendo? O... que... faço?*, me perguntava.

Esse retorno me colocou em contato com a vida que eu levava antes do acidente, o que foi um baque para mim. Senti-me submetida a um mecanismo de descompressão ao contrário, tal uma astronauta que, após flutuar por meses no espaço com gravidade zero, volta a sofrer os efeitos da força de atração terrestre.

Enquanto internada no hospital, cercada de médicos e enfermeiros que me ajudavam a fazer tudo, recebendo visitas e todo tipo de atenção, simplesmente me adaptara ao novo ambiente. Paulo lembra que eu parecia feliz quando internada: alegrava-me quando amigos e parentes vinham me ver, ria com os enfermeiros, parecia uma criança.

Assim, naquela manhã, quando o doutor Brandt entrou em meu quarto, acreditei que seria mais um dia em que demonstraria seu cuidado e participaria de minha progressiva melhora. Entretanto...

– Adriana, hoje é um grande dia – anunciou ele. Para expressar isso, retirou a mão de dentro do jaleco branco e fez um gesto amplo, de quem quer exprimir liberdade. – Você receberá alta hoje. Sua recuperação foi excelente para os padrões esperados, não há nada que possamos fazer mais por você aqui, a não ser encaminhá-la para o retorno à sua vida normal.

Como a-assim? JÁ?, eu pensei, com insegurança.

– Mas, Dr. Brandt, ain-da... não... consigo... andar direito...

– Ela ainda vai precisar usar o andador? – indagou minha mãe.

Minha cabeça estava confusa, não me lembrava de quase nada de minha vida pré-acidente vascular. Eu tentava me fazer entender... E não gostei nada da novidade, ao contrário do que se possa imaginar. Não queria sair do hospital, sentia-me tão bem cuidada, segura! Para ser absolutamente sincera, "não gostar" seria eufemismo para descrever a sensação que me dominou: pânico. Eu estava em pânico com a ideia de deixar aquele pequeno ambiente, acolhedor e seguro: o meu quarto hospitalar. Tal uma criança em um corpo de adulto, indefesa e dependente, fora dali todo o resto de minha vida se tornava desconhecido, ameaçador.

Minha família ficou contente, enquanto eu devo ter ficado lívida. Gaguejava, sem conseguir concatenar as poucas ideias a que me remetiam aquela notícia. Todo o bem-estar, toda a pseudossegurança sentida entre aquelas quatro paredes, eu percebi que, em fração de segundos, iria acabar: seria desalojada daquele ninho, expulsa da minha zona de conforto que durava quase um mês.

Minha mãe, presente no momento desse enunciado, percebeu minha agitação. Olhou-me, preocupada, e tentou me tranquilizar com o olhar. Mais do que decidida, prontamente virou-se para o médico e disse:

– A notícia pegou a Adriana de surpresa. É natural que não queira sair de uma hora para outra. Será... oportuno?

– Entendo sua insegurança, dona Maria Antonieta. Mas não há melhor maneira de apressar seu restabelecimento do que o contato com o mundo real. Quanto mais cedo Adriana retornar às funções anteriores, ou seja, alimentar a memória perdida, treinar a marcha, exercitar a cognição, melhor. Entendam: algumas células nervosas morreram, mas outras deverão ser estimuladas, exercitadas, para que substituam essas que perderam sua função. É importantíssimo iniciar a reabilitação física o mais breve possível para não perder os movimentos.

Entretanto, frente à minha insegurança e à insistência da família, o doutor concordou em prolongar minha estadia no hospital. Mas por apenas dois dias...

UFA! Deitei a cabeça no travesseiro, afundando-a como se fosse uma nuvem macia. Mais dois dias para continuar me sentindo envolvida por aquela bolha de segurança. Mas e quando ela estourasse? O que me aguardava fora dali?

Como toda mãe, a minha bem que tentou me proteger, criando estratagemas para que o meu retorno à tão propalada vida normal pré-derrame ocorresse com o mínimo de estresse possível.

– Doutor, não acha recomendável eu levar a Adriana, pelo menos na primeira semana, para minha casa? Assim, posso lhe dar toda a assistência necessária. Além disso, ela se mudou para a sua nova casa não faz nem cinco meses...

Todavia, ele foi categórico:

– Vida mais normal quanto possível. Quanto mais rápido Adriana for confrontada com o seu cotidiano, passar a lidar com o seu dia a dia, melhor será para ela. De nada adiantará sair daqui do quarto de hospital para continuar convalescendo na casa dos pais – disse, colocando a mão no braço de minha mãe, ao constatar a sua (e a minha) expressão de frustração. – Desculpe-me se pareço radical. Essa é a melhor orientação que posso lhes dar.

Sorrimos os três para desanuviar a tensão formada.

Sou conhecida pelos familiares e amigos por minha facilidade para sorrir, não porque esteja achando algo engraçado ou por falta de reação, mas porque sorrir me faz bem; é, a meu ver, uma forma eficaz de driblar coisas chatas e difíceis. Além disso, sempre notei: um sorriso move montanhas. A bem da verdade, naquele estado em que me encontrava, eu precisaria mover uma cordilheira.

Uma das etapas por que passei nessa temporada hospitalar, marcando um dos estágios da minha reabilitação, foi o retorno do meu bom humor, como modo de viver e de me defender. Inclusive foi uma das minhas estratégias para disfarçar quando não reconhecia as pessoas que deveria já conhecer.

Desde criança, descobri que o bom humor é a melhor arma para desarmar as pessoas e sempre fiz uso disso. De forma inconsciente, mesmo tendo passado por uma situação tão limítrofe entre a vida e a morte, minha essência continuava presente. Ao contrário de doentes que agravam seu quadro, reclamando de ter de tomar remédios, da imobilidade ou da fatalidade de um problema etc., eu era extremamente colaborativa, o que passava a falsa impressão de já me encontrar preparada para ser reinserida ao meu cotidiano.

Brincava com as pessoas no corredor do hospital. Quando caminhava apoiada em meu andador – no início, meus movimentos eram totalmente descoordenados, como os de uma criança aprendendo os primeiros passos –, recordei-me de minha sogra. Ela, tendo de usar cadeira de rodas em uma época de sua vida, brincava que se sentia em um trem. Foi impossível não me imaginar em situação similar, lá ia eu com meu andador pelos trilhos.

– Bom dia, dona Adriana! Dormiu bem? – Sorridentes, os enfermeiros de plantão entravam em meu quarto, cumprimentando-me de maneira efusiva.

– Bom... dia...! Dor... mi... – Enquanto tentava pronunciar as palavras, abria um sorriso largo.

Acabávamos dando boas risadas juntos, com minhas trapalhadas e apuros para me comunicar.

Outro indício aparente de uma melhora progressiva em meu estado foi o resgate de certa vaidade sadia, que também me ajudou. Chegou um momento, durante minha internação, no qual não desejava permanecer de pijama durante o dia.

– Mãe... – Apontava para sua roupa e depois em minha direção, gesticulando que desejava as minhas roupas, e não as do hospital.

– Filha, acabei de trazer para você uma mala cheia de pijamas e camisolas. Dá para usar uma diferente por dia...

E, fazendo um sinal de negação:

– *My clo... thes...*

Queria me vestir com roupas normais, e não permanecer com roupa de dormir o dia inteiro. Assim, a vaidade – um "forçado" retorno de minha autoestima – foi o primeiro atalho para a longa estrada de minha recuperação.

Naquele momento, nem me dava conta: um bom pedaço do meu cabelo fora raspado, expondo o couro cabeludo. Talvez até por sorte eu não percebia esse detalhe, tão pouco favorável sob o ponto de vista estético, pois minha visão direita encontrava-se sem a "grande angular".

Isso não interferia a minha habilidade de enxergar as feições das pessoas, mas, por conta da perda de memória, eu tinha dificuldade em reconhecê-las. Como sempre fui persistente e teimosa, eu "fingia" saber quem eram e, depois, tentava buscar em meu arquivo "semimorto" a correspondência entre imagem, nome e parentesco. Essa estratégia, que desenvolvi durante a minha hospitalização, em parte me atrapalhava e em parte me ajudava. Era estressante por um lado, mas, por outro, me obrigava a trabalhar a mente.

O mais maluco dessa história é que, eu tinha a capacidade de reconhecer pessoas recém-apresentadas – demonstrando que a minha memória de curto prazo estava funcional. Já outras que eu conhecia há mais tempo representavam para mim um filme russo sem letreiro, denunciando que outras memórias, como a memória de trabalho, haviam sofrido graves prejuízos. Por exemplo, eu não conseguia manter uma informação na mente para poder executar uma tarefa. Tal constatação me lançava a um abismo de desespero inimaginável.

CAPÍTULO 3

POUCO SOBROU DE MIM

Se, no hospital, eu até conseguira dissimular que reconhecia pessoas, em casa, diante de cenário tão pessoal e ao mesmo tempo desconhecido, não consegui evitar que um sentimento avassalador de angústia me dominasse. Tentava fazer o reconhecimento do terreno em que pisava. Eu morava ali, então? Aquela casa era a minha; aquele, o meu marido; aquela, a empregada, e eu deveria coordenar seus serviços? Conforme ia me familiarizando com o lugar em que morava, cômodo por cômodo, móvel por móvel, constatava os vestígios da vida que havia levado e de quem eu era. Sentia-me dividida. Uma parte de mim observava à espreita daquela pessoa que eu fora antes do derrame – imaginava-me subindo e descendo aquelas escadas, circulando por aqueles cômodos, além de fazer muitas outras coisas das quais nem conseguia me lembrar. Outra parte tentava se reconstruir e se fundir àquela imagem.

O pior ainda estava por vir, conforme perceberia semanas depois. Eu não queria admitir para mim mesma: algo andava muito errado. Embora mamãe não quisesse me revelar, havia percebido – bem antes de mim – um fato bastante relevante, considerando-se a realidade intelectual em que eu vivia. Já havia retornado para casa havia um mês, pelo menos, e os jornais permaneciam intocados na mesa da sala.

Minha mãe chegou em casa em um domingo à tarde, com a revista *Veja* nas mãos. Toda contente, ela me mostrou a capa:

– Adriana, faz tanto tempo que você não lê nada. Deve estar curiosa para saber dos acontecimentos pelo mundo, né? Saiu uma matéria superinteressante sobre o acesso de brasileiros à internet. Dizem que nesses dois últimos meses, um milhão e duzentas mil pessoas entraram na rede mundial... – E ao dizer isso, entregou-me a revista, com um sorriso no rosto.

Fiz enorme esforço para demonstrar interesse pelo que ela me falava. Confesso, entretanto, que me sentia uma marciana em visita à Terra; aquilo não me fazia nenhum sentido. Devo ter olhado para aquela revista como se olhasse para um tijolo. Peguei o objeto (porque para mim, naquela situação, aquilo representava apenas uma "coisa", como qualquer outra que me apresentassem) e abri-o ao acaso, sem encontrar sentido em nada daquelas páginas amarelas (as iniciais). Tentei focar a atenção naqueles símbolos gráficos. Eu sabia terem significado, no fundo de minha mente, algo me dizia que um dia eu os decodificara. Não obstante, naquele momento, me pareciam hieróglifos. A inquietude me dominou, enquanto virava a revista de cabeça para baixo, na esperança de, quem sabe, estarem invertidos aqueles símbolos.

– Mãe, eu não... sei o que fazer... com isso...

Ela parou, congelada. Seu olhar se encheu de lágrimas, com a compreensão da gravidade do que me ocorrera.

– Adriana, filha! Meu Deus, você perdeu a capacidade de ler! – falou ela consigo mesma.

Caro leitor, você já parou para pensar o que representa a dependência cognitiva e psicológica – mais do que física – de um ser adulto? Alguém, antes dono de sua vida, deixar de ter autonomia até nos momentos mais íntimos, como quando vai ao banheiro? Ter de reconstruir sua identidade; preencher novamente o seu livro de memórias, esvaziado de maneira abrupta de uma hora para outra e, ainda, perder a capacidade para a leitura – ferramenta de trabalho e de competência da vida? Só pode ser comparado ao trauma – como reportam diversos livros – dos sobreviventes de desastres naturais, como as enchentes no Rio Grande do Sul, no fim de abril e começo de maio de 2024, ou do terremoto que atingiu a Turquia e a Síria em 2023.

Retornar à vida normal, como o médico me preconizara ao me dar alta, era um tanto quanto utópico e irreal, desprovido de sentido até. Afinal, àquela altura do campeonato, "normal" representaria o quê, para mim, se eu tomara consciência de que não sabia mais sequer ler!?

Se o resgate de meu bom humor e de minha vaidade representava uma melhora progressiva para quem olhava de fora, em meu íntimo, entretanto, eu sentia que teria de lidar com novos desafios, alternando fraquezas desconhecidas com forças insuspeitas. Esse sentimento se tornou mais evidente quando cheguei à minha casa.

Acompanhe-me rumo a uma reabilitação dolorosa, mas triunfante, em vários aspectos. Pois do contrário – parece óbvio afirmar isso –, eu não estaria aqui, escrevendo estas linhas.

* * *

Recordo-me de uma cena no hospital, ainda antes de sofrer a cirurgia cerebral, quando fui submetida a uma ressonância magnética. A princípio, minha médica desconfiava ser uma meningite. Diante de seu diagnóstico, minha reação fora até tranquila para a gravidade da situação. Sem bolinha de cristal, eu não podia imaginar os desdobramentos futuros.

– Adriana, eu... – a Dra. Aidê fez uma pausa, enquanto examinava, estarrecida, as imagens da minha ressonância magnética recém-feita. – Meu Deus, você está sofrendo um derrame! – disse, e seus olhos se encheram de lágrimas.

Então é verdade, tenho mesmo alguma coisa estranha na cabeça, foi o primeiro pensamento a me ocorrer. De maneira diversa do choque imediato da notícia em si, que conseguira até desestabilizar emocionalmente uma profissional da área médica e provocar-lhe aquela reação, fui invadida pela constatação – e até aliviada, se isso é possível – de sempre ter havido algo estranho dentro de mim, desde que me conhecia por gente. Todavia, até então, eram sensações vagas, sem respaldo algum, para as quais nunca conseguira encontrar respostas ou pistas concretas do que pudessem ser, com as quais convivia de forma resignada, mas temerosa. E ali, na sala de ressonância do hospital, confirmava-se a suspeita que me acompanhava havia anos. O que quer que fosse a "coisa", ela havia se derramado. Como se fosse outra pessoa que não eu; consegui manter certo distanciamento surreal no momento daquela revelação tão dramática:

– Tenho certeza, tudo vai correr bem. Vocês vão conseguir controlar o sangramento.

Naquela hora, várias passagens de minha vida desfilaram em flashback diante da mente: cenas de minha juventude, de minha adolescência e, principalmente, de minha infância. Eu estava muito fascinada com a descoberta de uma suposição que me perseguia desde sempre. Em várias ocasiões, desde a mais tenra infância, tive episódios de sensações estranhas, surgidas de repente, que duravam alguns instantes e depois sumiam como se nada houvesse acontecido. Eram impressões intensas, deixavam-me bastante assustada. Eu passei boa parte da vida tentando buscar um significado para elas. Foram experiências tão marcantes que influenciaram meu modo de ser – até a escolha de minha profissão.

CAPÍTULO 4
CASTELOS DE AREIA

Desde que somos um embrião, do tamanho da cabeça de um alfinete, vamos nos tornando o resultado de nossas experiências. Somos a soma de fatores genéticos, hereditários e ambientais.

Pensando nisso, percebo que foram várias ocorrências que impactaram a minha vida e considero importante relatar alguns episódios memoráveis ocorridos na infância e adolescência – justamente os que afloraram naquele momento como lembranças muito vivas.

PRIMEIRO EPISÓDIO

Da infância, veio a imagem de minha mãe me consolando:
– Adriana, não fique chateada por ter de refazer o Pré [hoje, último ano da Educação Infantil]. Conversei bastante com a diretora da escola, ela me disse que será melhor para a sua alfabetização. – Minha mãe me fitou bem dentro de meus olhos, ao me dar essa notícia, e eles expressavam mágoa.

Eu devia estar com 7 anos de idade, e aquilo era a última coisa que esperava ouvir. Afinal, ir para a escola era algo que eu desejara muito: uma escolha minha, mais do que de minha família. Acredito que todos os dias eu fazia esse pedido à minha mãe, até que ela, enfim, capitulou e resolveu me matricular. Lógico, isso deve ser contextualizado: era uma época em que a maioria das crianças não costumava ir à escola antes dos 7 anos de idade, ao contrário do que ocorre hoje em dia, em que crianças ainda de chupeta e mal saídas das fraldas são convidadas a frequentar o ambiente escolar e têm esse direito garantido por lei.

Observando todo o meu interesse, além de perceberem que aprendia com facilidade, resolveram me passar para uma série em que já seria alfabetizada. Porém, por ser canhota, comecei a escrever de trás para frente: meu nome, por exemplo, ficava ANAIRDA. Atualmente, com a evolução do sistema educacional, suponho, haveria recursos para lidar com essa minha "falha" ou inadequação ao padrão vigente dos destros, sem que eu tivesse de repetir o ano. Entretanto, naquele tempo, decidiu-se que seria melhor fazer tudo de novo.

Não há nada mais doloroso para uma criança do que se ver privada da companhia das melhores amizades por conta de uma retenção forçada, mais do que a repetição de um processo de aprendizado. Minha mãe diz recordar-se até hoje do meu protesto, com as lágrimas brotando:

— Não é justo, mãe! Não é mesmo! Não vou mais ficar na mesma classe com a Denise, nem com a Cláudia, nem com a Bia...

Minha autoestima despencou. Outras crianças talvez não dessem muita importância a isso, mas para mim foi frustrante. Mesmo pequena, exigia muito de mim mesma: queria fazer tudo certo, atender às expectativas que os outros tinham, ou melhor, que eu acreditava terem a meu respeito.

Então, vieram as férias de janeiro. Temporada na casa de praia de minha família em Itanhaém, no litoral de São Paulo.

Compenetrada, fazendo castelos de areia na beira do mar, tentava não pensar em nada, a não ser no desafio de não permitir que o frágil muro que protegia a minha fortaleza de areia tombasse, tampouco fosse ela invadida pelas águas. Não percebi que uma onda mais forte iria varrer todo o meu trabalho de mais de uma hora quando me virei para minha mãe:

— Mãe, olhe que lindo castelo construí! E está todo protegido por essa mura...

CHUÁÁÁÁ!!! Quando me voltei para trás, não havia vestígios de castelo, nem de muralha, apenas a espuma da onda beijando a areia e a minha pazinha sendo arrastada para dentro do mar.

Emblemática foi a minha sensação em relação a tudo o que eu passara nas últimas semanas e tentava esquecer naquele ambiente agradável, propício ao ócio, ao sossego: era de perda, de desmoronamento de algo construído com tanto carinho.

Nessas mesmas férias estive no hospital por conta de uma gripe mais forte. Já de volta à casa de meus pais, senti o primeiro formigamento: certo desconforto ocorria dentro da cabeça. Não me lembro onde me encontrava ou o que fazia naquele momento, mas me recordo: de que era noite. Fui bem quietinha para minha cama, sem falar com ninguém.

A sensação de comichão ou dormência (algo meio indecifrável, ainda mais em minha idade), além de não passar, veio acompanhada por uma impressão de que tudo estava ficando distante – distante do meu campo de visão –, e que eu ia embora. "Embora?", você pode me perguntar. Sim, como se eu estivesse perdendo totalmente o controle de mim, sendo abandonada pelos meus sentidos, particularmente pela visão e audição. Aquilo me aterrorizou. Todas as extremidades de meu corpo gelaram: da ponta dos dedos das mãos aos pés e até a ponta do nariz. Não sei quanto tempo durou aquele sufoco que me imobilizou, mas, quando terminou, fiquei bem de novo.

Na manhã seguinte, não pude deixar de compartilhar com a primeira pessoa que eu sabia que me daria mais atenção:

– Sebastiana, você não sabe o que me aconteceu ontem à noite: achei que iria sumir. Fui ficando longe, longe, como se não estivesse mais neste mundo... E minha cabeça formigava. Nossa, tive tanto medo!

A caseira, que trabalhava ali na casa de praia e cuidava de mim, arregalou os olhos, já muito grandes, fazendo o sinal da cruz:

– Credo, Pai do Céu! Que história maluca é essa, menina? Imagina, ficar longe. E pra que mundo cê foi? Só faltava essa. Você deve ter imaginado coisa, isso sim!

Fosse para fazer fofoca ou para não ter que guardar aquela revelação apenas para si, Sebastiana comentou com minha mãe a minha estranha história de estar "ficando longe e formigando na cabeça".

Também, depois de brincar e pular o dia inteiro, vai ver a Adriana se cansou, dormiu e sonhou com alguma coisa, mamãe deve ter pensado.

Ou seja, naquele momento, ela não deu muita importância ao fato. Mas, quando passei a ter a estranha sensação outras vezes, minha mãe decidiu investigar o que poderia ser.

Meus pais chegaram a me levar ao médico neurologista para checar se era física a causa do formigamento que eu dizia sentir na cabeça. Entretanto, com a tecnologia da época, infelizmente não dava para esperar muito. Você consegue imaginar quais eram os recursos de um neurologista na década de 1970, quando o diagnóstico por imagem mais sofisticado se resumia ao raio-X?

Tudo o que o médico pôde fazer foi um eletroencefalograma, exame que registra as ondas elétricas do cérebro e auxilia no diagnóstico de epilepsia, coma, morte cerebral e algumas síndromes ligadas à demência. Uma vez que eu não estava em coma, nem morta, tampouco epiléptica ou maluca, o médico tranquilizou meus pais:

— A Adriana não tem nada. Talvez esteja estressada com algo da escola, talvez esteja apenas passando por uma má fase. É bom lembrar que sofremos de ansiedade quando somos crianças. Muitas vezes, os nossos castelos de areia desmoronam nessa fase.

E voltamos todos aliviados para casa.

CAPÍTULO 5

COLECIONADORA DE VASSOURAS

O tempo passava, entretanto, e o formigamento se repetia a cada um ou dois anos, sempre acompanhado da sensação de "gelado" que me invadia e da impressão de estar "indo embora". Se aquilo era apenas uma fase, como dissera o neurologista, já estava durando demais.

Já na adolescência, com meus 12 ou 13 anos, as ocorrências passaram a se intensificar. Minha mãe conta que as sensações vinham em período próximo ao meu aniversário, como se fossem parte do meu inferno astral. Quando aconteciam, eu me afligia, mas ela me acalmava, conversava comigo. Logo tudo era esquecido, sem deixar vestígios – a não ser pelo incômodo que me dominava e pelo pensamento cada vez mais frequente de que eu tinha, de fato, alguma coisa na cabeça. Não podiam ser normais aquelas sensações táteis de algo ocorrendo dentro do meu cérebro; decerto sinalizavam algo muito estranho. No entanto, não falava disso com ninguém.

SEGUNDO EPISÓDIO

Da adolescência, ocorreu-me esta cena.

Um belo dia, alguém teve a ideia de indicar um padre para dar uma "limpeza no astral" da família. Não que houvesse algum problema, mas por que não prevenir? Meu pai, cético quanto a questões religiosas, tinha, no entanto, o pensamento de que, se essa prática não pudesse trazer algum bem, mal não faria. Foi assim que recebemos a visita de um padre seguidor do ilustre padre Quevedo. Este último trata-se de um jesuíta espanhol que se radicou no Brasil na década de 1950, formado na Faculdade de Comillas (Espanha), foi professor universitário de Parapsicologia na UNISAL e é autor de diversos livros, dentre eles *A face oculta da mente*.

Padre José andava para lá, andava para cá; rezava aqui, rezava ali. De passagem pelo meu quarto, apontou para minha cama e perguntou:

– Quem dorme aqui?

– É nossa filha mais velha, Adriana – responderam meus pais.

Mais uma volta pela casa, mais uma passagem pelo meu quarto e, de novo, a pergunta:

– Quem dorme aqui?

– É a Adriana – repetiram meus pais, intrigados com a curiosidade do padre.

Ao final da visita, ele disse ter se sentido muito bem na casa, o que nos deixou aliviados. Então, pensamos: *Ótimo, nossa casa tem bom astral.*

Para nossa surpresa, entretanto, o padre fez um comentário desconcertante:

– Esta menina – olhando para mim – não é filha de vocês.

Se a cena fosse de filme, a trilha sonora pararia de tocar e ficaria um silêncio de espanto no ambiente. Como assim, não era filha de meus pais? Filha de quem, então, eu seria: de um ser espiritual? Eu olhava para o rosto de minha mãe, do qual o meu sempre foi quase uma cópia idêntica, em meio ao silêncio gerado após tal colocação.

– Muito obrigado, padre José, pela sua vinda à nossa casa. Uma benção é sempre muito bem-vinda! – disse meu pai, já acompanhando o padre à porta de saída.

Após o padre se retirar, meus pais comentaram entre si:

– É um homem bastante culto, de carisma impressionante, mas o que falou da Adriana... Qual terá sido a sua intenção ao dizer isso?

Como se já não me faltassem motivos para encucações, ainda tinha mais essa para digerir.

TERCEIRO EPISÓDIO

Este ocorreu ainda na adolescência.

Um grande amigo de meu pai havia comentado sobre uma senhora, segundo ele, muito especial. Era creditada como paranormal, muito célebre em São Paulo, com quem os famosos no meio artístico se consultavam. Ela poderia ter uma explicação para minhas estranhas sensações.

Dona Filhinha, assim conhecida, contava ainda com alguns cabelos castanhos entre os já branqueados. Imaginei encontrar um ambiente todo esotérico ou cheio de imagens de santos e incensos sendo queimados, contudo, em sua mesa de trabalho havia apenas vários cristais transparentes, além de uma enorme ametista ao lado de um copo com água.

Desde a primeira vez que me viu, demonstrou ter ficado impressionada comigo.

– É uma menina muito sensível – diagnosticou ela.

Você já ouviu falar de paranormalidade? Para entender-me, recomendaria a você se abster de qualquer preconceito que essa palavra possa eventualmente suscitar. Se fenômeno normal é todo acontecimento que se enquadra no conjunto das leis que aceitamos e admitimos governarem os processos da natureza, por paranormal devemos considerar todo o acontecimento inusitado, além do normal, ou seja, fora do conjunto dos eventos normais. Paranormal não deve ser confundido com sobrenatural, pois a ciência rejeita a possibilidade do último, embora aceite a do primeiro.

Assim, se normalidade é perceber o mundo pelos cinco sentidos – audição, olfato, paladar, tato e visão –, a Parapsicologia convencionou chamar de paranormalidade tudo aquilo que escapa a esses sentidos. Em várias ocasiões, foi um sentido extra, normal ou paranormal, que me mobilizou a dar voz às minhas inquietações, como relatarei a seguir.

* * *

Como você pode notar, foram muitas as tentativas e iniciativas para buscar uma compreensão e resolução. Entretanto, de tudo o que já havia experimentado para compensar o lado esquerdo de meu cérebro, com tantos questionamentos e pensamentos incessantes, uma simples terapia – para ser ouvida e cuidada por meio de outro olhar – era o que mais me fazia sentir bem, ajudando-me a lidar com a sensibilidade de forma positiva. Imagine minha mente como um cômodo cheio de objetos e mobílias; a terapia me auxiliava a organizar tais objetos, realocando-os em gavetas e prateleiras e procurando atribuir sentido a tudo. Eu contava com 17 ou 18 anos quando passei a frequentar o consultório da terapeuta, presidente de uma associação internacional de Psicologia da época. E permaneci por um período de quase dois anos.

No entanto, fora essas cenas pontuais que relatei, divertia-me e aproveitava muito a vida que levava: enfim, uma vida colorida!

Azul e verde eram minhas cores favoritas. Meu esporte preferido: natação. Adorava nadar. Nadar como meio de transporte, ao atravessar o rio Itanhaém para alcançar o Iate Clube. Nadar como prova de resistência, quando minha amiga Alexia e eu saíamos da prainha de Paraty e íamos, com tempo bom ou ruim, até a Ilha do Ventura, em aproximadamente uma hora e meia – ou, sendo mais precisa, quase três quilômetros em mar aberto. Coisa de malucas, hoje sou obrigada a reconhecer. Entretanto, dava-nos uma sensação ímpar de força, de poder! O esporte é, de fato, algo fantástico, não apenas para o corpo, mas para a cuca da gente!

Agora, tentarei oferecer explicação mais pedagógica para o que ocorria comigo desde a infância.

Quando crianças, usamos predominantemente nosso hemisfério cerebral direito. À medida que crescemos e nos desenvolvemos, passamos a articular e coordenar os pensamentos com o nosso hemisfério esquerdo. O direito é ligado ao todo, às sensações, à intuição. Já o esquerdo é ligado ao racional, verbal, lógico.

Todos nós nascemos, de modo geral, com ambos os hemisférios equilibrados, porém a vida de cada um vai criando uma coreografia particular entre eles. Quer ver um exemplo prático? Uma criança que tenha frequentado uma escola Waldorf – pedagogia que prega o desenvolvimento integral do aluno, baseado em seu desenvolvimento físico, anímico e espiritual – usará mais o hemisfério direito do que uma criança que estudou em escola tradicional, centrada no conteúdo e resultados acadêmicos. Esta desenvolverá mais o lado esquerdo.

Até os meus 8 anos de idade, eu tinha funções, *a priori*, atribuídas ao hemisfério direito bastante desenvolvidas, assim como muitas crianças da mesma idade. Entretanto, as sensações estranhas que me acometiam, os inexplicáveis medos, me fizeram recorrer muito à racionalidade, fazendo eu me tornar – antes da hora – "especialista em hemisfério esquerdo": precisava justificar, entender, analisar tudo! Eis que o meu hemisfério direito intervinha, querendo perceber, sentir, compreender como um todo. Com isso, eu não conseguia estabelecer uma dança harmônica entre ambos os hemisférios. Desse modo, iniciou-se o abafamento de minha sensibilidade. Fui estabelecendo, assim, um abismo entre esses dois mundos. Lembro aqui que a identificação dos hemisférios é apenas de cunho didático, pois o cérebro opera como um todo e não há pessoas que usam mais um hemisfério do que outro.

Acreditando não ter um problema específico, como naquele momento, e sendo dotada apenas de uma hipersensibilidade, fui procurar uma terapeuta holística, na tentativa de integrar esses dois mundos, ou seja, os dois hemisférios. Por um tempo, essa terapeuta, que era presidente da sua respectiva Associação Internacional, foi competente... Até começar a significar minha vida a partir de vidas passadas. Nada contra ou a favor, mas não era a minha busca nessa fase.

Hoje, ao relembrar esses fatos, sinceramente não sei como mantive a sanidade depois de tantas aventuras mentais! Cada um com quem me consultei em todos aqueles anos vinha com uma teoria diferente. De criança estressada à filha de entidade espiritual, daí à paranormal que energiza pessoas e histórias de minhas vidas passadas... Sem trocadilho, aquilo estava sendo demais para a minha cabeça, até o momento em que resolvi dar um basta a tudo.

Dentro de mim ainda existia o sentimento de que eu tinha algo diferente. Entretanto, aprendi a conviver com isso, até porque, depois de casada, meu marido, compreensivo, era cuidadoso quanto aos meus formigamentos. De maneira carinhosa, ele me chamava de "bruxinha", porque eu tinha uma incrível sensibilidade para com as pessoas; sentia quando alguém próximo não estava bem, tinha uma facilidade incrível para me comunicar e estabelecer vínculos com pessoas dos 8 aos 80 anos. Ao ocorrerem esses formigamentos, Paulo procurava me acalmar até que me sentisse melhor.

Coincidência ou não, eu sentia e sempre senti certa fascinação por assuntos espirituais, quando passei a me interessar pelo tema do livro *Deus e a Ciência*, de Jean Guitton e dos irmãos Bogdanov, os quais filosofam sobre questões simples e essenciais. De onde vem o universo? O que é o real? A noção de um mundo material tem um sentido? Por que existe alguma coisa em vez de nada?

Lá pelos meus 18 anos, por exemplo, iniciei uma coleção de vassouras. Penso que entre Deus e a Ciência, achei mais fácil ficar com as vassouras. Comecei a minha coleção com as de palha, fibra de bananeira e outros materiais típicos das regiões brasileiras. Primeiro eu me encantei com uma toda trançada de palha de bacuri, um tipo de coqueiro. Daí a me apaixonar pela ideia de fazer uma coleção diferente, não custou nada. Assim, iniciei a aquisição de novas vassouras – de madeiras e tramas diversas –, que trazia das viagens realizadas: Lençóis Maranhenses (Maranhão), Pantanal (Mato Grosso do Sul), Ibiraquera (Santa Catarina), Teresina (Piauí), Jericoacoara (Ceará) e também de outros países.

Se você focar com olhar mais atento cada uma dessas diferentes vassouras, constatará a arte, a elaboração e a criatividade de algo tão trivial – o que as transforma em peças únicas a partir de suas regionalidades.

Lembro-me de que, certa vez, durante um check-in no aeroporto, o voo parecia que ia atrasar – para não fugir muito à rotina predominante na aviação doméstica brasileira. Em punho de minha mais recente aquisição, uma vassoura, brinquei, bem-humorada, dirigindo-me às demais pessoas que se posicionavam na desanimadora fila e àqueles que estavam ao meu redor, todas com os semblantes carregados, cansados:

– Bem, pessoal, já que não temos avião, podemos viajar aqui com a minha vassoura... Cobro caro, mas pelo menos voamos sem pegar fila! – completei, rindo. – É uma forma alternativa de resolvermos esta situação absurda de aguardar horas pelo voo...

Com isso, consegui arrancar algumas risadas, desanuviando a tensão existente no ar. Hoje, a minha coleção de vassouras já conta com mais de quarenta exemplares, parte delas penduradas em uma parede da minha sala de trabalho, de maneira decorativa.

Desconheço se as mulheres têm algo de bruxa, entretanto, as vassouras sempre foram associadas a mulheres poderosas e à magia feminina. A certa altura, transformaram-se no equivalente feminino do cajado mágico usado por Moisés para abrir o Mar Vermelho. Nada mal, não é mesmo?

De bruxas não posso afirmar nada, mas hoje tenho plena convicção de que todos nós, homens e mulheres, possuímos uma força interior – talvez maior do que temos consciência. Esse poder oculto nos permite superar inúmeras adversidades que se apresentam ao longo de nossas existências. Depende de nossa capacidade de adaptação, resiliência e plasticidade (como falarei mais adiante). Sem mágicas, sem varinhas ou vassouras que nos levantem do chão. Depende apenas de nós. Eu sou a prova viva de que a palavra plasticidade não é mero vocábulo no dicionário, mas, sim, capacidade essencial também para lidar com situações extremas.

Claro que, naquela ocasião, isso ainda não estava claro para mim. Fui tecendo esse conceito com as minhas experiências, e decidi chamá-lo plasticidade emocional. Quando sofri o AVC, na década de 2000, entretanto, não se falava em terapia emocional como recurso na recuperação dos avecistas, por isso precisei descobrir esse processo. Ao longo dos últimos 24 anos, o cuidado com as emoções tem ganhado cada vez mais a atenção das áreas de Saúde, física e mental, e na Educação. Tenho realizado palestras e cursos para disseminar essa proposta, além de encontrar profissionais de áreas diferentes da minha que também defendam propostas nessa linha.

CAPÍTULO 6
DE NEUROCURIOSA À NEUROPSICÓLOGA

Julgo importante salientar alguns outros episódios de minha vida pregressa para você compreender de que maneira minha personalidade foi construída, até me conduzir àquele quadro de derrame precoce, diagnosticado na sala de exames.

Desde cedo, tive tendência a questionar os fatos da vida, sempre com profundidade, bem como seus conceitos abstratos. Também é verdade que nunca deixei de expressar meu temperamento alegre, bem-humorado, além de procurar ver o lado positivo das coisas. Porém, em certos momentos, algo que eu não sabia do que se tratava vinha e me derrubava, trazendo dúvidas, angústias. Então, o meu lado "cabeça chatonilda" entrava em ação.

– Mãe, por que é que o mundo é dividido em tantas raças, crenças e línguas? Por que crianças pedem esmola na rua? Vamos trazer uma pra casa, compramos roupa e livros pra ela – lembro-me vagamente dessa conversa com minha mãe lá pelos meus 6 anos de idade.

– Ah, minha filha, o mundo é assim porque é muito grande e complexo mesmo. Não é possível simplesmente trazer uma criança para casa, ela deve ter pais. E imagine como pode ser triste passar por experiências tão ricas e prazerosas e depois voltar pra rua. Mas isso é um longo aprendizado pra você. Um dia, você vai entender tudo isso.

– Será? E se trouxermos ela para morar com a gente? – sugeri esboçando uma expressão animada.

Ela sorriu para mim, dizendo que poderíamos ajudá-la de outro jeito. Só voltei para a minha tarefa escolar depois de ela me explicar o tal jeito. Ah, e tinha de me contentar, é claro.

* * *

Estudei em uma escola muito boa e conceituada, o Colégio Santa Cruz, desde a primeira série do Primário (hoje, primeiro ano do Ensino Fundamental). Eu podia não ser a melhor aluna da classe – ou seja, não era uma CDF –, porém, fui me tornando eloquente e era boa nas matérias das quais gostava, como acontece com todo aluno, naturalmente.

Passei, no auge da adolescência, a compreender a importância de alguns sacrifícios, bem como o exercício da humildade para o não comprometimento de meu futuro acadêmico. Paguei um alto preço, porque tive de estudar bastante em detrimento de curtir a preguiça e outras vivências "aborrecentes". Todavia, acabei descobrindo um novo jeito de estudar, driblar minhas dificuldades e aprender com entusiasmo. E, assim, dos dilemas entre estudar em um colégio mais difícil ou em um mais fácil, fiz uma escolha: continuar no Colégio Santa Cruz para garantir a melhor formação básica possível.

No final das contas, esse foi o início do meu interesse sobre como e por que aprender. Enfrentar as dificuldades e os desafios como adolescente despertou meu interesse e me colocou na trilha da minha escolha profissional.

Talvez por tudo isso amadureci antes do tempo. Queria entender como eu funcionava, como minha cabeça pensava. No Colegial (hoje Ensino Médio), cogitei estudar Psiquiatria. Depois, refletindo melhor, dados os acontecimentos de minha vida, mudei de ideia: e se, ao me tornar psiquiatra, descobrisse ter mesmo alguma coisa estranha na cabeça? Não, melhor não.

E como nada é por acaso, escolhi algo que me permitisse apreender a mente humana: fiz faculdade de Educação, na Universidade de São Paulo (USP). Minha escolha foi fundamentada por certo idealismo, ao raciocinar da seguinte maneira: qual é a força motriz, a alavanca propulsora mais importante de um país, de sua economia, senão a Educação, que dita o futuro de uma nação? Bem se vê minha imaturidade com relação à vida nessa etapa universitária. A partir dessa opção inicial, fui derivando até chegar à pós-graduação em Psicopedagogia. Por meio desse atalho, construí minha carreira. Queria aprender sobre cognição, ou seja, entender a capacidade de aprendizado do cérebro do ser humano.

Profissionalmente, cresci rápido. Imagine você: em uma idade em que a maioria dos recém-formados está em busca de suas primeiras oportunidades no mercado de trabalho, eu, aos 25 anos, com uma visão interdisciplinar do processo de aprendizado, fundei o Centro de Aprendizagem e Desenvolvimento (CAD), uma clínica que reunia várias especialidades – Fonoaudiologia, Psicologia, Terapia Familiar e outras, que seriam acrescentadas com o passar do tempo (Terapia Vocacional e Psicopedagogia) –, no bairro de Pinheiros. Em uma época em que mal se usava ou se entendia o sentido desse termo ou de conceitos como cognição e neurociências, eu participava de congressos, nos quais encontrei os profissionais para a formação dessa equipe.

Embora na atualidade seja até bastante conhecido o termo interdisciplinaridade, ele não o era naquela época – hoje a natureza integrativa do funcionamento do cérebro é bem mais reconhecida, mas durante a recuperação do meu AVC, eu contava apenas com minha intuição e experiência. Por meio da interdisciplinaridade recorremos a informações e estabelecemos a comunicação com várias disciplinas para estudar determinado fenômeno. A visão interdisciplinar compreende além do objeto de estudo. Assim, ao averiguar uma pintura renascentista, podemos usar dados vindos da História, da Geografia, da Química e da Arte. A História conta, por exemplo, quando foi o período chamado Renascimento. A Química descreve a elaboração do material usado na pintura. A instrução artística lida com seus aspectos estéticos, as cores usadas, a disposição dos elementos na tela e assim por diante.

Confesso que até tive meus sonhos juvenis, como fazer uma viagem pela Europa, no estilo mochileira. Acabei soterrando-os em prol de meu sonho de independência e reconhecimento profissional. Casei-me cedo – tinha acabado de completar 23 anos – com um empresário já estabelecido em seu ramo de negócios, nove anos mais velho do que eu. E ainda tão jovem, já como psicopedagoga, aos 24 era dona de minha própria clínica, na qual realizava atendimentos e coordenava o trabalho de outras pessoas – algumas bem mais velhas do que eu.

Dali até o dia "D" (dia do derrame), ampliei minhas habilidades clínicas na área dos transtornos de aprendizagem, até eu mesma adquirir. Ou melhor, não nasci com as dificuldades, nem as desenvolvi enquanto criança, mas adquiri após a doença neurológica.

Este quadro é chamado de dislexia adquirida ou alexia, e é tema de estudo e expertise também do especialista em neuropsicologia.

Agora ficou mais claro, por que procurei me especializar também nesta área, certo?

CAPÍTULO 7

LIGAR OS PONTOS: EDUCAÇÃO, EMOÇÃO E NEUROCIÊNCIAS

Hoje sou capaz de avaliar com isenção: um dos fatores que me levaram adiante foi a adoção de uma linha de educação mais dura – ou mais tradicional – pelos meus pais. Assim que saí do colégio, eles cortaram minha mesada. Isso me bastou para ir em busca de estratégias para ganhar algum dinheiro que me garantisse o cinema, as idas a bailes etc.

Passei, então, com pouco mais de 20 anos, a dar aulas particulares para alunos da escola que eu mesmo estudava, em uma sala que havia na casa de meus pais. Desde o início, procurei oferecer aulas de reforço de maneira pouco convencional, ou seja, que resolvessem a vida prática dos alunos. Melhor dizendo, não dava aula seguindo as fórmulas tradicionais, já buscava elementos da Psicopedagogia. Não abordava o assunto da matéria em si, tentava entender a disciplina dentro do aluno.

A mãe de Fernando me procurou para ajudá-lo em Geografia, matéria de segundo Colegial (hoje, segunda série do Ensino Médio).

– Você gosta de ir à praia?

– Gosto, p'sora.

– Então, gosta de surfar? Swell?

– Super!

– Já pensou em surfar na Indonésia?

– Muito maneiro!

— Vamos falar um pouquinho sobre a Indonésia e como e quando chegar até suas ondas favoritas.

Ou seja, eu traduzia a matéria dentro da vida do aluno, explorava sempre muito material concreto, filmes, jogos. Assim, passei a exercitar – antes da formação acadêmica – a Psicopedagogia, minha primeira especialização após me graduar.

Naquele tempo, o encaminhamento de alunos para recuperação ou aulas de reforço era via escola. E também havia o popular e eficaz boca a boca, desde sempre a melhor propaganda de todos os tempos. Uma mãe contava para outra: "A Adriana Fóz salvou meu filho". Salvar era um verdadeiro exagero, mas a maioria se recuperava! Isso me dava confiança de estar no caminho certo!

Transpondo essa vivência para o trabalho que exerci por alguns anos como psicopedagoga, pude observar que muitos dos problemas dos alunos da atualidade são, por um lado, resultado das grandes exigências das escolas particulares e, por outro, das muitas facilidades e superproteção dos pais. Ambos os lados incorrem em erros por terceirizarem e se absterem de seus respectivos papéis. No caso dos alunos da escola pública, por um lado, há as dificuldades e desafios da rede pública, que ainda não cuida nem investe no professor como deveria, e, por outro, os alunos que se perdem entre a falta de estrutura familiar e social.

São realidades diferentes, mas criam produtos semelhantes: jovens que não constroem conceitos fundamentais, tais como autoestima, mais-valia, generosidade, persistência, responsabilidade e valores. E eu continuo confirmando isso, ainda hoje, na minha atuação como neuropsicóloga e terapeuta cognitiva.

* * *

Interessei-me pela Neurociência, a ciência que estuda o sistema nervoso e suas inter relações com outras disciplinas, tais como, psicologia, pedagogia, biologia, química, por exemplo. Meu objetivo era fazer uma conexão entre o cérebro e a aprendizagem. Isso me levou a me especializar em Psicopedagogia (como mencionado anteriormente), mas sobretudo a fazer cursos na área da Neurociência Cognitiva nos EUA (uma vez que no Brasil essa área estava apenas engatinhando).

Eu me utilizava muito de estratagemas, o que credito a meu pai, de quem herdei essa habilidade. Meu pai é uma pessoa realizadora, do tipo "gente que faz". É um homem de estratégias, dessa maneira, aprendi a racionalizar em prol de metas e objetivos. Eu utilizava essas estratégias para conseguir as coisas que queria, como ter contato com pessoas importantes em minha área de interesse profissional. Percebi que ir atrás de expoentes, nas áreas da Psicopedagogia, Neurologia, Neuropediatria e outras, sinalizava o caminho natural para meu desenvolvimento e para o objetivo de me tornar uma profissional que faz diferença.

Mas como fazer diferença em um Brasil com índice alto de analfabetismo? De acordo com os dados do Instituto Brasileiro de Geografia e Estatística (IBGE), em 1990, 18,7 milhões (25%) de brasileiros eram analfabetos. Com o tempo essa taxa reduziu bastante; mesmo assim, em 2023, existiam ainda 9,3 milhões, 5,4% da população nacional. A terminologia "alfabetizado funcional" (aquele que apenas sabe escrever o próprio nome) e outras do tipo são apenas um paliativo para a triste e deficiente realidade educacional brasileira. Se me pautasse apenas por essa árdua realidade, teria motivos de sobra para a escolha de minha profissão. Mas a distância entre a real necessidade e a real prioridade dada pelos nossos governos revela o quão longe estamos da prática de uma educação saudável.

Naquela época, não tinha 30 anos de idade e já era dotada de energia suficiente para buscar causas mais difíceis e me lançar na ideologia e no sonho de um país mais justo e portanto, alfabetizado.

No fundo, sabia que só daria para fazer diferença com mágica, milagre ou desenvolvendo conexões muito criativas e produtivas – ao encontrar as pessoas certas, no momento e do jeito certos, e persistir.

Tinha consciência do valor de me cercar de profissionais competentes e influentes para inspirar o meu trabalho e materializar os meus ideais de educadora. No início, fazia-os aderirem aos encontros promovidos e organizados por mim na casa de meus pais, na espaçosa sala que tinham, uma vez que minha primeira clínica não dispunha de um espaço suficiente para comportar os profissionais que compareciam às reuniões. Eu os convidava, sugerindo a ligação existente, a princípio, entre Neurociências e Educação. Eu mesma criava os temas dos encontros. Tinha uma força de vontade muito grande, um desejo enorme de fazer aquilo em que acreditava: a aprendizagem, a possibilidade mais importante no ser humano. Aprendemos desde que somos do tamanho da cabeça de um alfinete (palavras de Suzana Herculano-Houzel, neurocientista brasileira) até o último suspiro.

Ao me recordar de algumas das estratégias que cheguei a adotar, tenho até vontade de rir. Tinha consciência de que apenas pela minha aparência de menina não os convenceria, então, eu literalmente me fantasiava de mulher mais velha, vestindo roupas muito mais sóbrias do que de costume, tipo tailleur e conjuntinho. Além de simular as apresentações diante do espelho, é claro. E no final das contas, eu já contava com a vontade e a intuição que me levou a ligar os pontos: Educação, Emoção e Neurociências.

— Então, Dr. Norberto Rodrigues, queria convidá-lo para participar de uma pauta de reunião sobre os caminhos da Educação e o cérebro, a se realizar daqui a 15 dias, numa quinta-feira, às 20 horas, no endereço xyz. Sua presença será importantíssima. Já estão confirmadas as presenças do Dr. Annunciato e do Dr. Salomão.

Eu andava de um lado para o outro na sala da casa de meus pais, aquela mesma em que costumava receber, de maneira bem mais descompromissada, meus alunos do Santa Cruz. Imagine a minha tensão e o nível de ansiedade que me dominavam ao ter confirmadas para a primeira reunião convocada por mim algumas das melhores cabeças nos campos das Neurociências, da Neuropediatria e da Neuropsicologia. Foi naquele momento que descobri o significado da palavra ornicofagia, pois roí todas as minhas unhas de tanto nervosismo!

Pensara em todos os pormenores para colocar os ilustres participantes bem à vontade, inclusive os gastronômicos: organizara uma boa mesa de frios e sanduíches, além de alguns sucos. Sabia que eram todos muito ocupados e, se comparecessem, estariam vindo diretamente de seus consultórios. Havia uma agenda e temas que queria discutir com eles para me ajudarem a embasar minhas hipóteses sobre o quanto a educação e a aprendizagem poderiam se beneficiar dos avanços das neurociências.

No final da noite, vencida a insegurança e o receio iniciais, olhei ao meu redor, sem deixar de sentir uma ponta de orgulho por dentro: eu conseguira! *Nada mal*, pensei, ao circundar com o olhar o grupo ali presente.

– Cara Adriana, confesso que este encontro me surpreendeu de maneira agradável – Dr. Norberto Rodrigues me estendeu a mão, em cumprimento de despedida. – Eu, na verdade, nem poderia estar aqui hoje, pois tenho compromissos formais amanhã logo muito cedo: viajarei para um congresso internacional. Foi muito pertinente e producente a reunião, além do tema escolhido! Parabéns!

Você não faz ideia de como eu me senti importante com aquele elogio do Dr. Norberto, fundador da Sociedade Brasileira de Neuropsicologia – hoje infelizmente falecido. A despeito disso, eu tinha bem noção do meu lugar. Entretanto, esses detalhes eram como pequenas catapultas que iam me impulsionando na árdua, e também gratificante, profissão de educar cérebros e corações.

Nesse período em que mantive estreito contato com esses grandes médicos, cujos nomes mencionei anteriormente, desenvolvi muito meu lado racional, intelectual – não apenas porque buscava obstinadamente respostas para o que acontecia comigo desde a infância, mas porque aprendi a força da argumentação, da retórica, do verbo. Some-se a isso a minha característica de sempre ter sido muito persistente, o tipo de pessoa que vai atrás das coisas, sem sossegar enquanto não acha o que procura.

Agora, se no campo intelectual eu era muito bem resolvida – para a minha idade, é claro –, o mesmo não acontecia com o meu lado emocional. Para quem acredita em Astrologia, a minha essência escorpiana me tornava tão intensa que, às vezes, nem eu mesma me aguentava.

Em meu íntimo, embora abafadas, ainda persistiam a emotividade, as dúvidas e as inseguranças que me acompanhavam desde pequena. Essa emotividade, entretanto, era reavivada, mesmo na vida adulta, pelas sensações esquisitíssimas de formigamento.

A maturidade, naquele momento, havia me trazido objetivos e interesses para os quais dirigia minha atenção. A sensibilidade da Adriana menina, entretanto, continuava ali, em algum lugar em mim, um pouco esquecida, mas pronta para se manifestar. Parte se manifestou com toda intensidade quando sofri a perda de meu irmão caçula, dolorosa ao extremo, deixando-me marcas indeléveis. Disso tratarei em capítulo à parte.

Ainda naquela época, já casada, eu havia me mudado de um apartamento de 80 metros quadrados para uma casa de três andares, com 450 metros quadrados. Na verdade, a minha nova residência – por um bom período, com espaços vazios – era o reflexo do vazio que havia em meu interior. Eu não conseguia organizar minha própria vida: o casamento, o trabalho e meus sentimentos. Todas essas questões rondavam minha cabeça, causando-me forte tensão e um turbilhão de emoções.

Eu precisava parar de colocar tudo em questão e tomar atitudes, mas, no que dependesse de minha vontade, continuaria convivendo sabe-se lá por quanto tempo ainda com tantas incertezas. Aliás, eu incorporara a rainha dos questionamentos: ter filho ou não ter filho? Continuar casada ou não continuar casada? Realizar um curso fora do Brasil ou aqui mesmo? Continuar trabalhando com Educação ou abrir um comércio? Pois se hoje ser docente ainda é economicamente difícil, imagine 30 anos atrás. De qualquer forma, eu era a própria materialização do poema de Cecília Meirelles: *Ou isto ou aquilo*.

Como dizem meus amigos: "Para fazer a Adriana parar de questionar, só mesmo arrancando a cabeça dela". Eu me via como a estátua Vitória de Samotrácia, que fica bem na entrada do Museu do Louvre, em Paris. Uma belíssima escultura de uma mulher alada e sem cabeça, que representa a deusa mensageira da vitória e repousa sobre uma base aludindo à proa de um navio. A deusa porta vestido de tecido leve que cai até aos pés, cujas pregas foram esculpidas com grande virtuosidade. Ela acabou de pousar e veio dar a boa notícia. Esse monumento, encontrado na ilha de Samotrácia, situada no Mar Egeu, no nordeste da Grécia, foi achada em fragmentos em 1863 e enviada para Paris. Especialistas a reconstruíram, embora os pés e cabeça nunca tenham sido encontrados. Talvez por se tratar de uma estátua tão imponente, esculpida em mármore rosa, mesmo desprovida de cabeça (ou por isso mesmo), acabe provocando impacto tão grande nos milhares de visitantes anuais do Louvre.

Felizmente, a vida, generosa comigo, não me deixou como a estátua, mas de qualquer forma a própria cabeça me fez "em pedaços" e me obrigou a parar. A pressão chegou a tal ponto que o transbordamento foi inevitável: um derrame me obrigou a olhar para dentro de mim mesma.

CAPÍTULO 8
A MORTE

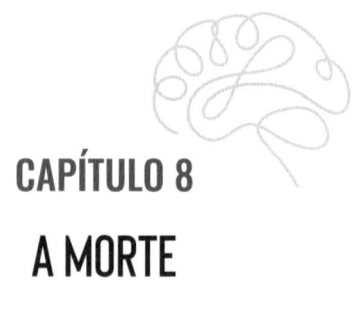

Você foi preparado para lidar com a morte? A sociedade ocidental não cultiva esse conhecimento e eu tive que aprender na marra, como você vai perceber. Foi em um acidente inexplicável, como todo acidente que subtrai a vida de alguém com apenas 25 anos de idade. Cícero, meu irmão caçula, praticava mergulho sempre que íamos para a casa de praia. Mergulhador experiente, costumava entrar no mar na companhia de outras pessoas, regra básica de segurança nesse tipo de esporte. Até que, em uma dessas tardes de Sol reluzente e mar azul profundo de tão calmo – certo dia em que ninguém imaginaria que algo de errado pudesse acontecer –, Cícero, acompanhado apenas da namorada, deixou-a no barco e pulou sozinho na água usando snorkel.

Por meio do relato de Anna Luiza, namorada de meu irmão na época, foi possível recuperar os últimos instantes a separarem a esperança de encontrá-lo com vida do desespero de constatar que ele havia morrido.

Mareada, devido à moleza que o calor e o balanço das ondas lhe provocaram, ela abriu os olhos, ofuscados pela forte luminosidade do Sol. Apreensiva, consultou o relógio, enquanto refletia no fato de terem se completado mais de cinco minutos desde que ele mergulhara.

Àquela altura, o pressentimento ruim a dominava. Paralisada pelo pânico, que naturalmente subtrai qualquer iniciativa de quem por ele é dominado, sem celular e sem saber ligar o rádio, dá para imaginar a angústia de Anna Luiza e como deveria estar a sua mente naquele momento. O que deveria fazer? Cair na água? Mergulhar para achá-lo? O tempo de sua imersão já ultrapassava o que um ser humano conseguiria suportar. O que fazer?

Como em um sopro de Deus, surgiu uma lancha providencial que, de modo surpreendente, diminuiu a marcha ao vê-la acenar. O piloto lançou-lhe um ar intrigado e percebeu que algo terrível acabara de acontecer. Os tripulantes da embarcação tentavam decifrar seus gestos e a fala gaguejante, tamanho era o estado de choque de Anna Luiza. Ao compreender tudo e concluindo que não tinham mais o que fazer, eles a colocaram em seu barco, puseram o bote no reboque, e rumaram à foz do rio, onde se localizava a nossa casa.

A única evidência e explicação para a morte de Cícero é que ele, por alguma razão incoerente, perdera os sentidos no fundo do mar, ali permanecendo, até ser resgatado sem vida.

Eu contava, então, com 28 anos. É compreensível alguém que perde o irmão dessa maneira ficar muito triste, entretanto, eu literalmente adoeci de tristeza.

A morte de Cícero provocou um maremoto em nossas vidas, tanto na de meus pais quanto na minha. A mim me pareceu a passagem pelo Mar Vermelho, não para algo bom e mágico – como um testemunho do poder de Deus –, e sim para a terra da dor, da incongruência, do abandono desse mesmo Deus.

O máximo de frustração a que eu fora exposta, até então, ocorrera ainda na primeira infância, com o nascimento de meus dois irmãos. Primeiro, veio Susana, minha irmã, para competir com meu reinado absoluto (como a primeira neta dos dois lados da família). Em seguida, meu irmão, o primeiro menino, com o mesmo nome do meu pai e avô, uma criatura fofa e de incríveis olhos azuis; tão loiro que seu cabelo reluzia como os raios solares. Nossa, ele ia odiar me ouvir falar assim!

Depois, na segunda infância, foi a morte do meu hamster, que eu tratava como um bebê. Punha lacinhos de fita, perfume, até mesmo lhe dava papinhas Nestlé...

– Dri, você está sufocando esse bichinho – alertava minha mãe, rindo de meu desvelo maternal. – Nem bebê é tratado desse jeito.

– Ah, mãe! O Ted é tão fofinho! Tenho vontade de apertar muito ele!!

Coitadinho, deve ter morrido de tanto faz de conta e de tanto que o apertei...

* * *

Retornando ao ano da tragédia, encontrava-me tão ocupada em atingir metas e crescer na profissão, tornar-me mais independente, fazer o máximo de coisas possíveis (além de outras impossíveis), dar conta das minhas expectativas e dos meus sonhos, que só consigo interpretar a morte de meu irmão como o meu primeiro trauma real, meu primeiro contato com a dor intensa e sem explicação.

Briguei com Deus, briguei com meus sonhos, duvidei de minha fé na vida até brigar profundamente comigo mesma e entrar em depressão. Já experimentara dores, é claro; frustrações, sem dúvida – é assim que crescemos e fortalecemos nossa autoestima. A morte de Cícero, entretanto, ao fugir a qualquer script preestabelecido, apenas revelou o desfecho contundente de um roteiro interrompido, mostrando que não havia por onde escapar. Não houve como inventar ou criar outro fim: era a morte e ponto. Constituiu-se na concretização de minha impotência, de minha vulnerabilidade e fragilidade diante da fatalidade.

Foi após esse evento dramático, cujas marcas ficaram gravadas em minha alma, que li um texto que permanece no meu rol de preciosidades literárias para todo o sempre. Trata-se da Oração da Serenidade (*Serenity Prayer*), atribuída ao teologista Reinhold Niebuhr e adotada, mais tarde, até pelos Narcóticos Anônimos:

"God, grant me the serenity
To accept the things I cannot change,
Courage to change the things I can,
And wisdom to know the difference."

"Deus, dai-me serenidade
para aceitar as coisas que não posso mudar,
Coragem para mudar as que posso,
E sabedoria para distinguir entre elas."

Retomei também minha "fase poética Virginia Woolf" ao escrever o poema *A morte no mar*, para tentar expurgar a dor da incompreensão, da mutilação. A depressão me deixou um traste, em cinzas de fênix. Não obstante, mantive-me trabalhando e fazendo algumas atividades, como dança e esportes – vela e natação. A atividade física permitia-me não perder contato com a realidade, com o concreto. Naturalmente, fiquei bem mais lenta, perdi por um bom tempo aquela vontade pela vida. Tentei buscar formas alternativas de processar, acalmar a dor e a ausência de meu irmão, principalmente ao testemunhar o sofrimento de meus pais. Entendo hoje não haver nada mais dilacerante do que perder um filho em vida.

Fui procurar outras religiões, como o budismo, já que Deus, tal qual eu o conhecia, morrera para mim. Fui também apresentada a Nossa Senhora de Schoenstatt, que me fez certo sentido. Resgatei a Santa Teresinha das minhas preces adolescentes e até um poema escrito em sua homenagem. Passei a agradecer por ser dotada da capacidade de me expressar verbalmente. Sentia muita satisfação por saber ler e escrever, conseguir extravasar minha sensibilidade por meio das palavras. Dava-me grande bem-estar pertencer à minha família. Mesmo diante daquela irreparável perda, seguia forte, grandiosa e inteira.

Foi necessário, para isso, um reposicionamento de valores de minha parte, ao considerar o que eu preferia: ter tido o Cícero como irmão, embora apenas por 25 anos, ou não ter desfrutado do privilégio de sua convivência para não passar pela dor de sua perda? A resposta era muito clara dentro de mim: ser sua irmã!

Cada um de nós, à sua maneira, encontrou um espaço para o Cícero, um espaço vivo! Hoje em dia falamos dele com tanta naturalidade que sua presença é realmente palpável entre nós. É óbvio que esse aprendizado não ocorreu da noite para o dia, mas sim com nossa capacidade – estabelecendo uma analogia do que representou a sua passagem por nossas vidas – de fazer "limonada dos poucos limões disponíveis, após a derrubada do limoeiro".

Entretanto, apesar de todos os meus esforços, uma tristeza profunda me tragou, a ponto de ter de buscar auxílio externo. Foi assim que conheci o doutor Luis, psiquiatra, com quem fiz algumas sessões e que me atendeu quando meu cérebro ficou em pedaços (ele assina o prefácio deste livro). Isso foi suficiente para eu passar a ter confiança em seu trabalho, em suas palavras e conduta. Demonstrou ser excelente médico, ao acertar, com bastante tranquilidade e clareza, meu diagnóstico e tratamento. Ademais, revelou-se uma pessoa muito humana, colocando-se à disposição de seus pacientes ao atender às suas ligações a qualquer momento. Em resumo, um profissional talentoso, com uma memória extraordinária. Considero de grande importância ainda a sua atuação com a minha família enlutada, realizando com ela, naquela época, algumas orientações.

Em meu caso, a segurança que senti nesse profissional foi tão grande que ele passaria a me acompanhar também em minha fase pós-cirúrgica, depois do derrame.

Ao passar pela experiência de tomar antidepressivos por três meses, comecei a desconfiar que desde criança eu tive propensão à depressão e, toda vez que acontecia um evento do qual não conseguia me defender, me abatia. De seis tios maternos que tive, cinco apresentaram depressão significativa ao longo da vida.

Atualmente, sabe-se, através da Neurociência, que somos *a priori* 50% fruto da genética – de fatores hereditários e biológicos – e 50% resultado do ambiente, com diferenças entre as fases do desenvolvimento da pessoa. Mas seria essa, então, a explicação para a minha sensação estranha na cabeça? Concluí que devia pegar leve comigo mesma. Assim, reduzi a jornada de trabalho, aliviei minhas autoexigências e comecei a manifestar mais a minha vontade, além me proporcionar mais prazer.

Hoje, consigo analisar e concluir com clareza: a morte de Cícero retirou-me, por um período, do caminho "perfeito" que escolhi trilhar. Estava envolta em um redemoinho de atividades tanto no campo profissional quanto social. Ao sofrer o abalo daquela perda familiar, obriguei-me ao enfrentamento e contato forçados com meus sentimentos. Sem isso, talvez minha capacidade de encarar meu próprio drama pessoal pós-derrame, alguns anos depois, não teria sido tão grande.

De maneira inconsciente – atualmente, consigo ter essa percepção –, eu não desejava ver meus pais passando pelo desgosto da perda de mais um filho. A minha luta pela plena, mas sofrida, reabilitação neurológica não foi apenas por mim.

CAPÍTULO 9
A MINHA VIDA "PERFEITA"

Quem me visse naquele período, pouco antes de sofrer o derrame, relativamente amadurecida pessoal e profissionalmente, poderia pensar: *A Adriana, tão jovem, chegou lá.* Minha clínica ia muito bem, repleta de clientes e com um trabalho reconhecido, merecendo capa da edição de uma revista da época. Casada com um empresário do ramo náutico, eu levava uma vida social intensa e sofisticada, repleta de festas, competições esportivas e viagens. Ao seu lado, participava de regatas em lugares belíssimos e ia a feiras internacionais no mundo inteiro. Para coroar o período de tantas realizações, depois de morar vários anos em um pequeno apartamento, havíamos nos mudado para uma casa espaçosa em um condomínio fechado em São Paulo, conforme citei anteriormente. Com três andares e um belo jardim, a casa era um sonho realizado, uma grande conquista.

Bem, na perspectiva de alguém de fora, eu tinha uma vida de personagem de novela, em que tudo dá certo. Entretanto, nos bastidores, as coisas começavam a não ir bem. Eu não estava bem. A verdade é que me casei praticamente com o primeiro homem que conhecera, sem perder tempo experimentando várias paixões, como é normal ocorrer à maioria das meninas novas. Casei-me aos 23 anos, mais preocupada, ou melhor, com foco total em meu trabalho. Se em termos sociais havia uma cobrança para eu me casar cedo, então, por que não com Paulo? Um homem quase dez anos mais velho do que eu, bem estabelecido, tanto socialmente quanto na profissão, dono de uma empresa que já se destacava em seu ramo de atividade e que, ao longo de nosso casamento, se tornaria a maior empresa do setor náutico da América Latina. E óbvio: eu o adorava! E adorava a família dele. Quer coisa melhor?

Entretanto, chegando aos 32 anos, ao mesmo tempo em que pensava em ter um filho, me perguntava se iria continuar casada com Paulo. Àquela altura de nosso casamento, demandava cada vez mais trabalho lidar com as diferenças que – eu reconhecia – passou a haver entre nós. Estávamos nos afastando. Embora ele me oferecesse muito do que uma mulher desejaria – uma bela casa, uma vida social cheia de festas e viagens –, eu não estava feliz. O retrato em preto e branco do meu casamento talvez não fosse muito diferente dos casamentos realizados quando somos jovens demais e não sabemos bem o que queremos, nem quem somos.

Já no trabalho, apesar do sucesso da clínica, algumas circunstâncias me incomodavam. Quando a inaugurei, de maneira até idealista, elaborara uma carta de intenções à equipe. Assim como empresas e diferentes tipos de organizações, em geral, têm sua missão afixada nas paredes de suas instalações, eu também quis, ao meu modo, registrar de que forma enxergava aquela união entre profissionais de áreas distintas. Então, elaborei os princípios que deveriam nortear a todos:

À Equipe CAD – Centro de Aprendizagem e Desenvolvimento

Sinto-me como a jardineira que plantou a primeira semente de uma árvore que, com a chegada de ajudantes, torna-se cada vez mais frondosa.

Esta árvore CAD tem uma função muito importante, e devemos cuidar de seu crescimento e vigor, pois retribuirá, a cada uma de nós, com frutos de realização e enriquecimento.

Para tanto, todas nós temos um papel frente a este processo de vida que, espero, seja reconhecido e respeitado. Respeitado considerando seus limites e o tempo necessário, assim como o amadurecimento na natureza.

Enquanto parceiras e colaboradoras, que tenhamos a sabedoria de reconhecer quando errarmos e ir adiante no desejo de acertar. Assim como a seiva flui, levando vida aos inúmeros galhos da copa que nos abrigará; que possamos permitir a comunicação livre com nossa consciência e com a coletividade.

Quando penso em parceiras e colaboradoras, refiro-me à necessidade de trocarmos conhecimentos, identificando os limites e as possibilidades de um trabalho que possa contar com as partes e crescer num todo.

Espero, também, que não pensemos apenas nos galhos que carregam os frutos, mas relembremos sempre o tronco – estrutura e razão para esse sustento – e as raízes, que nos fixam ao mesmo objetivo: investigar e tratar das necessidades e possibilidades acerca da aprendizagem e do desenvolvimento humano, de onde tiramos o alimento de nossas colheitas. Motivo pelo qual nos encontramos aqui presentes, unidas na totalidade por um ideal e reunidas em suas unidades.

Uma árvore deve receber muitos cuidados, ou seja: água, Sol, adubo e a poda. Que esse movimento possa nos levar sempre ao crescimento e amadurecimento: um processo de sabedoria e enriquecimento.

A formação de uma equipe multidisciplinar partiu de um sonho e de uma crença minha. Sempre gostei de entender as coisas como um todo e como partes de um todo, em um movimento dialético, como eu enxergo acontecerem os fenômenos da vida. Eu entendo como mais valorosas as ações conjuntas, desde que cada pessoa, mesmo estando em seu papel, em sua função, tenha a visão do todo, pois tudo se relaciona, se interconecta.

Tenho de dar a mão à palmatória para o fato de, então, não possuir vivência e maturidade para lidar com algumas situações relacionais. Exemplo disso foi a ocasião em que uma revista científica me convidou para escrever um artigo sobre o desenvolvimento cognitivo de 0 a 6 anos. Convidei, então, uma das profissionais para uma parceria na escrita, julgando ser uma oportunidade bacana para ela; representaria sua primeira participação em um artigo como aquele. Entretanto, ela entendeu que eu estava lhe oferecendo migalhas. Às vezes, agimos com uma intenção positiva, mas o tiro acaba saindo pela culatra. E, com certeza, eu também dei muitos furos.

O fato é que o ser humano é complexo. A partir daquele episódio, eu pude concluir: sociedade é como casamento! Há que se lavar a roupa suja, há que se reciclar sempre, mas, acima de tudo, há que se ter confiança, respeito e – o que é primordial – ninguém pode se pendurar em ninguém. Tal atitude, além de nociva, induz a inveja, ciúmes, ganância. Eu havia começado a liderar pessoas ainda muito cedo, sem maturidade para lidar com os conflitos que, naturalmente, acontecem em um grupo. Foi em meio a uma crise profissional, que me exauria, em parte porque já vinha me sentindo mal, que fui internada no hospital.

CAPÍTULO 10

O DIA "D"

Fevereiro de 2000

Praia, sol, Bahia. Eu jamais poderia imaginar que, dali a 15 dias, o cenário paradisíaco em que estava inserida se transformaria totalmente, modificando-se para a esfera hospitalar de exames, diagnósticos e decisões vitais, envolvendo uma cirurgia cerebral e uma dolorosa reabilitação neurológica. Sem falar na dura, porém rica, plasticidade emocional.

Paulo e eu nos encontrávamos a bordo de um maravilhoso catamarã de 60 pés, ou seja, mais de 18 metros de comprimento. O percurso era belíssimo: saindo da praia de Itaparica, na Bahia, seguimos até a Ilha dos Frades e continuamos navegando pelo rio Paraguaçu, com destino a um antigo mosteiro.

O cenário era de encher os olhos: o mar azul se fundia no horizonte com o céu sem nuvens e o Sol faiscante fazia tudo ganhar um brilho extra. Havia um grupo animado de cerca de oito pessoas, entre os quais o dono da embarcação, com a esposa e outros amigos. Embarcação essa que seria capa e matéria de uma revista náutica (*Offshore*), na edição seguinte, de março. Tudo lembrava a cena de um filme de Hollywood: gente bonita, sorridente; conversas amenas regadas a muita caipirinha de umbu-cajá e caju.

Em volta do catamarã, havia vários outros veleiros menores, que nos acompanhavam no magnífico passeio, e o clima era de alegria e descontração.

Na verdade, aquela era a minha vida. Nos últimos tempos o que mais fazíamos era participar de viagens e passeios mar adentro, pelo Brasil afora. Apesar da beleza do programa e das ótimas companhias, eu me sentia triste e só. O céu muito azul e o Sol que criava reflexos prateados nos respingos de água do mar contrastavam com meu espírito sem brilho. A embarcação ganhava velocidade, impulsionada pelo vento, que amenizava o calor característico de um dia de verão nordestino.

Observei o meu marido ali, ao meu lado, mas o percebi distante (ou era eu quem me sentia assim em relação a ele), sem notar que não havia mais aquelas trocas verdadeiras, construtivas entre nós. Não é incrível, como os estados mental e emocional são determinantes para que um programa seja gostoso ou não, para acharmos graça de algo ou não?

De repente, ao olhar para o sino do mosteiro abandonado e majestoso à beira do rio que visitávamos, quem eu vejo? Paulo fazendo graça, agarrado ao enorme sino, no topo da torre. Se eu estivesse bem, na certa talvez até retribuísse com um aceno ou soltasse uma risada. Entretanto, tudo o que me ocorreu foi um pensamento negativo, antecipando os desdobramentos de uma catástrofe: *Ai, meu Deus, se esse homem cair do sino, se esborracha, o que é que vou fazer?*

Ele se esbaldava, e eu ia ficando cada vez mais aflita com suas loucuras, tomada por sensações ruins de tragédia iminente. O tal mosteiro desativado me dava arrepios, por um lado, e admiração, por outro. Imagino que a viagem tenha sido deslumbrante para todo mundo, menos para mim.

Nossa, que lugar lindo em que me encontro! Mas por que este mal-estar? Por que estes formigamentos e essa sensação de desligamento?, eu me cobrava.

– Vamos apostar corrida com aquelas duas jangadas? Venha, pule aqui no *hobie cat* e, iuhuuu, lá vamos nós! – Paulo e eu, como em um passe de mágica, tamanha a velocidade empregada, entramos no catamarã de 16 pés que estava sendo puxado e saímos com o vento. – Caça, Dri! Agora! Sair do... trampolim...

Com meu corpo paralelo ao mar, fora do barco e presa às ferragens e cabos, lá íamos nós, singrando aquela Baía de Todos os Santos.

Ao retornar da Bahia, fui passar os dias restantes das férias em Paraty, com a família, que me notou muito quieta. De volta a São Paulo, retomei minha rotina de trabalho, mesmo não me sentindo bem. Nada bem...

Quarta-feira, 9 de fevereiro de 2000

— Você continua abatida — comentou minha mãe, examinando meu rosto pálido, quando apareci para almoçar em sua casa.

— Não é nada, não, mãe. Deve ser estresse. Preocupação com o trabalho, sei lá.

— Estresse? Você acabou de voltar de uma viagem, filha! E... Preocupação não me parece a palavra mais certa para o que você está passando. Nunca te vi assim!

Permaneci quieta. Com o apetite zerado, mal toquei no prato e decidi voltar para o consultório. No meio do caminho, porém, me ocorreu que não fazia sentido ir trabalhar com a cabeça tão na Lua como me encontrava. Fiz um retorno na avenida e resolvi ir para casa. Naquela mesma tarde, Paulo me acompanhou a uma consulta de rotina ao ginecologista, que também reparou em meu abatimento e me escutou reclamar várias vezes:

— Não tenho me sentido bem, nada bem...

Repare, caro leitor: eu, antes tão independente, estava precisando da companhia de meu marido em uma ida ao médico para tratar de assuntos de natureza feminina.

Apreensivo, o médico dirigiu-se ao meu marido:

— Paulo, estou achando a Adriana deprimida. Vou fazer a indicação de uma psiquiatra. — E pegou um cartão de visitas em sua gaveta, entregando-o a ele.

Perplexo, meu marido não conseguia acreditar naquele diagnóstico traçado de maneira tão rápida. *Adriana, precisando dos cuidados de um psiquiatra? Depressão? Como é possível?*

Tudo isso eu conseguia ler em seus olhos. Devido ao meu esgotamento todo, nem reagi.

Quinta-feira, 10 de fevereiro de 2000

Embora duvidando, Paulo seguiu a recomendação do médico e conseguiu agendar uma consulta já no dia seguinte com a profissional indicada.

E lá estava eu no consultório da médica, que, após uns minutos de avaliação e troca de palavras, estranhou o quadro apresentado por mim.

— O inusitado, Adriana, é que uma depressão não costuma progredir com essa velocidade. Você não apresentava nenhum indício anterior, pelo que consta. Vou te receitar um antidepressivo leve, que te fará melhorar aos poucos.

Para quem desconhece o fato, um antidepressivo como o que tomei acelera o fluxo sanguíneo, intensificando um processo vascular. Ao contrário da outra vez – por ocasião da morte de meu irmão –, eu, sempre tão relutante para ingerir remédios, com o receio de mexerem com a minha psique, aceitei aquele medicamento como um bálsamo a me tirar do inferno. O enjoo até passou e minha disposição melhorou um pouco, embora continuasse me sentindo "muito estranha". Uma tristeza e "esquisiteza" inexplicáveis, sem causa aparente, minavam totalmente minhas forças.

Sábado, 12 de fevereiro de 2000

Paulo, ao me notar tão "jururu", decidiu chamar Anna Luiza para nos fazer companhia naquele final de semana. Relembrando, Anna era a namorada de meu irmão na época em que ele morreu e continuou muito ligada a nós.

— Nossa, Adriana, você tá meio "chororô", hein? – dizia ela, estranhando meus comportamentos.

Durante o jogo de tranca, à noite, cometi algumas gafes e permaneci distraída, algo incomum em mim, pois costumava ser bem atenta ao jogo.

— Adriana, você acabou de descartar o seu curinga! – espantou-se Anna Luiza. – Você está bem... mesmo?

— Ah, desculpe-me. É verdade... posso pegar de volta? – respondi, no susto.

— Olha como sou sua amiga! Eu podia não falar nada e comprar o seu curinga – disse, rindo.

Mas quando me esqueci das regras mais elementares da tranca e fiz menção de pegar da lixeira as três cartas dos naipes de paus e espadas de que ela acabava de se desfazer, desistiu:

— Decididamente, Adriana, você não está concentrada no jogo! Vamos parar?

Domingo, 13 de fevereiro de 2000

No final da tarde de domingo, eu fiz algo realmente esquisito, levando Anna e Paulo a ficarem com a pulga atrás da orelha. Conversávamos quando, de súbito, pedi:

– Alguém pode ligar a televisão?

– Nossa, o papo está tão bom... Não quero assistir TV... Você quer, Anna? – espantou-se Paulo.

– Eu não...

Anna deu uma olhada para mim e, brincando, disse:

– Acho que a Adriana não está gostando da nossa conversa e prefere a TV...

– Alguém pode ligar a televisão? – repeti, sem interagir com ela e corresponder ao gracejo.

Fui atendida em meu pedido, e a televisão, ligada.

Eles continuaram conversando, embora de vez em quando olhassem para mim, que estava absorta, com o olhar distante.

Minutos depois, voltei a pedir:

– Vocês não vão ligar a televisão? Eu já pedi para ligarem a televisão.

Paulo e Anna se entreolharam, sem entender o que estava acontecendo. Mesmo com a tevê ligada bem na minha frente, eu parecia não perceber. Realmente, algo muito esquisito ocorria comigo, e não poderia ser simplesmente uma depressão.

Segunda-feira, 14 de fevereiro de 2000

Passei a manhã deitada no sofá com enjoo e dor de cabeça, o que fez com que a família começasse a imaginar mil coisas.

– Será que a Adriana está grávida? – conjecturou minha mãe.

– Pode ser uma virose contraída na viagem à Bahia também – disse meu pai, preocupado. – Ou quem sabe rotavírus? [Tratava-se de um surto que estava dando na época]. Espero que não seja nem gastrite, hepatite ou meningite!

Infelizmente, enjoos e dores de cabeça são sintomas que, por vezes, mascaram as causas mais diversas, daí as hipóteses levantadas pelos familiares. Naquele mesmo dia, eu tentara alcançar um copo de vidro na mesa para tomar água, mas com a vista meio embaçada, peguei somente o ar. Imagine só a cena: minha mão buscava o objeto, agarrando apenas o vazio. Pisquei os olhos para tentar afugentar, sem sucesso, a sensação de embaçamento. Sorte a minha: ninguém presenciara o meu vexame. Como eu não saía do sofá nem por decreto, uma médica homeopata que cuidava de mim foi chamada em casa para uma consulta. Ela me solicitou alguns exames clínicos, realizados na manhã seguinte, bem cedinho.

Terça-feira, 15 de fevereiro de 2000

Havia acordado mais disposta naquela manhã. Voltando para casa depois de fazer os exames, fui cuidar da horta. Minha mãe, em visita de passagem, reparou em algo incomum: a maneira de eu cavoucar a terra parecia mecânica, compulsiva, como se não estivesse consciente daquela atividade. Eu mesma notei que não controlava bem meu braço direito, enquanto realizava com a pá movimentos estereotipados com a mão direita, afundando-a na terra sem perceber, em vez de afofá-la.

Antes do almoço, cansada, recostei-me no sofá, sem entender ao certo o que sucedia comigo. A sensação, no interior de minha caixa craniana, era a de haver um caleidoscópio gigante em constante movimento, projetando formas inusitadas, coloridas. Pedi para colocarem um vídeo de flamenco, a clássica dança de sapateado e castanholas que eu adorava e praticava já havia cinco anos. Para quem tinha toda aquela zoeira acontecendo na cabeça, tratava-se de um desejo incongruente: afinal, a música flamenca possui um ritmo forte e bem marcado. Mas ouvi-la me fazia bem, me dava uma sensação de controle e estabilidade.

Uma justificativa plausível para isso é a relação entre música e cognição, que, segundo pesquisas pioneiras realizadas por Sally Springer e George Deutsch, e reunidas no livro *Cérebro esquerdo, cérebro direito*, de 1998, a maior parte da percepção musical seria função do hemisfério direito, ou seja, a parte de meu cérebro que não estava sendo afetada. Mais recentemente descobriu-se que a música é processada em ambos os hemisférios, mas certos aspectos da melodia, da harmonia e do timbre são, *a priori*, de responsabilidade do hemisfério direito.

Assim, ouvir algo de que gostava e permanecer conectada a uma parte operante de meu cérebro me transmitia uma sensação estável. Testes pré e pós-operatórios de habilidade musical, realizados em pacientes cujo lobo temporal esquerdo ou direito foi extirpado para a remoção de tecido epiléptico, possibilitaram verificar que a remoção no hemisfério direito aumentou os erros nos testes de padrão melódico, timbre, sonoridade e duração de som. A remoção do hemisfério esquerdo não produziu mudanças de desempenho, segundo Oliver Sacks, neurologista anglo-americano, da Universidade de Columbia (NY/EUA). Modesto, corajoso, tímido e cheio de gratidão, até sua morte pelo câncer em 2015, Sacks também desenvolveu diversos estudos sobre a conexão entre hemisfério direito e a música.

Eis, então, algumas explicações do porquê da musicalidade ter ganho holofote em meio ao derrame do meu hemisfério esquerdo.

Terça-feira, 15 de fevereiro – período da tarde

De repente, o meu estômago embrulhou de maneira incontrolável, fazendo com que movimentos espasmódicos e bastante desagradáveis culminassem em um vômito explosivo, em forma de jato. Minha mãe – naquela altura dos acontecimentos, com sua intuitiva sabedoria maternal –, encontrava-se ao meu lado e se assustou, mas imaginou que eu estivesse me aliviando de uma intoxicação alimentar que havia dias me deixava enjoada. Ela não sabia, mas esse tipo de vômito sempre tem causa neurológica, denotando aumento da pressão intracraniana e até risco de morte iminente. O fato é que só piorei. Do sofá fui para a cama, demonstrando uma letargia progressiva. Preocupadíssima, minha mãe me perguntava:

– Adriana, filha, você está bem? Quer que chame um médico? Quer que lhe faça um chá?

Eu só conseguia responder em voz titubeante:

– Por favor, me deixe aqui quietinha. Tá tudo bem...

Atordoada, com aquela sensação de "estar indo embora", sem conseguir manter o foco da realidade, não queria que me perguntassem o que fosse para não ter de pensar. Pedi a ela que colocasse para tocar *Bolero*, de Ravel, uma das músicas que eu utilizava para praticar o flamenco, e permaneci deitada, quieta, apenas escutando, de olhos abertos, parados em um ponto indeterminado.

Faço um parêntese aqui: o *Bolero* tem um ritmo de fundo que é constante e bem marcado, como uma marcha; começa relativamente calmo e vai subindo em intensidade até se tornar quase perturbador, com toda uma orquestra sinfônica tocando no último volume.

Mais tarde, ficaria evidente que o ritmo pulsante daquela música tinha tudo a ver com o que acontecia comigo naquele momento. E, ironia das ironias, ao fazer pesquisas para este livro, descobri que o próprio Ravel (1875–1937) sofreu um "derrame", provavelmente no hemisfério esquerdo. As aspas são porque, na verdade, ele apresentava degeneração corticobasal com atrofia cortical e subcortical – afasia, apraxia, agrafia, porém com preservação da capacidade para compor (isso foi descoberto após a craniotomia e, consequentemente, após sua morte). Muitas habilidades musicais do compositor teriam permanecido intactas. No entanto, Ravel teria revelado perda substancial na classificação de notas musicais e no reconhecimento de partituras, ou seja, no aspecto lógico, sequencial e analítico – próprio do hemisfério esquerdo. Depois de certo tempo, o músico não mais conseguia tocar piano, escrever ou transcrever músicas.

Na verdade, parece que Ravel sofria de uma condição neurológica chamada afasia progressiva, caracterizada pela deterioração da função da linguagem. Assim, pacientes com afasia têm dificuldades severas com a fala. O que deixou os cientistas boquiabertos foi o fato de Ravel ter sofrido da mesma doença enquanto compunha seu *Bolero*. A melodia repetitiva, dois compassos repetidos 169 vezes, que o compositor considerara um estudo de orquestração e dinâmica, poderia ser, então, sintoma de afasia progressiva que, além de culminar na perda da linguagem, também induz a comportamentos repetitivos e perseverativos.

Isso explicava o porquê de meus gestos mecânicos ao lidar com a terra do jardim, e também o fato de me acalmar ao ouvir *Bolero*, que conseguia entrar na ressonância do que eu estava vivendo em minha mente. Era o meu cérebro, já apresentando indícios de que entrava em síncope.

Voltando ao momento de minha prostração, na sala de TV, após o vômito (desculpe-me por empregar palavra tão indigesta), minha mãe insistia:

– Vamos para o hospital!

– Mãe, não precisa, isso vai passar – eu teimava, com pouca energia e destreza verbal, enquanto fazia um esforço enorme para organizar a confusa massa de informações que não estava conseguindo mais filtrar. Mostrava, mesmo naquele momento debilitante, minha característica combativa, de ter tudo sob controle.

Admito que estava muito esquisita. Mas logo chegou Paulo, avisado de que eu passara mal. Ao me ver toda mole no sofá e minha mãe com as mãos entrecruzadas sobre o peito, ele nem titubeou: pegou-me feito uma bezerra no colo, sem me dar chances de protestar, e colocou-me no banco traseiro do carro. Ele estava decidido: o pronto-socorro do Hospital Albert Einstein era o único destino.

CAPÍTULO 11
QUASE MORTE, QUASE VIDA

Pouco me recordo do que aconteceu dali em diante. Se relato estes fatos no livro, é porque tive ajuda daqueles que os viveram comigo. Segundo minha mãe, cheguei ao hospital consciente e falando, mas debilitada. Em questão de vinte minutos, passei da posição de sentada para recostada e, logo em seguida, deitada. No hospital, me aguardavam com uma cadeira de rodas, entretanto, saí do carro direto para uma maca. Fui levada à sala de pronto-atendimento, onde minha médica já me esperava e pedia uma ressonância magnética. Ela suspeitava que eu estivesse com meningite, conforme mencionei em capítulo anterior. Enquanto isso, foram tratar de minha internação, pois, no que dependesse de minha família, eu só sairia do hospital depois que os médicos tivessem descoberto o que havia comigo.

É nesse momento, terça-feira, no final da tarde, que se encaixa certa lembrança de eu me encontrar ao lado de uma grande máquina, enquanto a doutora Aidê – minha médica, que foi ao meu encontro no pronto-socorro – me revelava:

– Adriana, seu cérebro está sangrando, você está tendo um derrame.

Em uma situação dessas, a gente não sente nada, fica alheia à realidade. Ainda assim, tive um pensamento muito lúcido vindo como um filme em *rewind* (de trás para frente). Em frações de segundos, revi cenas de minha vida que me sinalizavam haver algo incomum no meu cérebro – conforme já narrei em capítulos anteriores.

Parece maluco, mas a sensação naquele instante foi algo do tipo "Eureka!", uma descoberta, um *insight* que jogou luz, preenchendo de sentido várias circunstâncias vivenciadas no passado e, até então, insondáveis. Uma convicção profunda, das entranhas da minha alma, invadiu-me e me dizia: "Eu vou sobreviver a todo custo!". Meu sentimento não era de pânico, e sim de confiança. Em momentos críticos de minha reabilitação, agarrei-me a essa lembrança, como o náufrago que procura se agarrar a uma boia.

A ressonância detectou "lesão hemorrágica circundada por edema na região temporomedial e parietal à esquerda, posteriormente situada ao pulvinar do tálamo e subjacente ao esplênio do corpo caloso. Cavernoma, malformação vascular, metástase hemorrágica etc.". Nem vou continuar, porque são muitos os "palavrões". Simplificando um pouco: um sangramento no tálamo e nos gânglios da base no miolo da cabeça e parte da região temporoparietal esquerda.

Para você entender a importância do tálamo e suas conexões com os gânglios da base, ele tem como uma, dentre suas funções, o processamento das informações dos sentidos, com exceção do olfato. Tem relação com comportamento emocional, ativação cortical, sensibilidade e motricidade. O tálamo atua como estação retransmissora de impulsos nervosos para o córtex cerebral, sendo o responsável pela condução dos impulsos às regiões apropriadas do cérebro, onde eles devem ser processados. Já os gânglios da base, têm um papel importantíssimo para o ato motor e para a sensação do movimento.

A região parietal é responsável pela programação do movimento, da sensibilidade tátil, da noção e orientação espacial e do processamento dos símbolos gráficos para a leitura e escrita, dentre outras funções. Isso explicava o fato da crescente moleza e descoordenação daquele momento. Abordarei melhor essas áreas mais adiante. E retomando o mote deste capítulo:

Meu cérebro estava sangrando. Esse era o resultado do exame em mãos da doutora Aidê, minha homeopata com a qual me tratava na época. Ela foi ao encontro de meus familiares:

— Vocês querem chamar algum médico conhecido?

Imagino que todos tenham ficado paralisados com a notícia.

Paulo, naquele momento, antecipando-se à inércia geral diante do choque da revelação, adotou uma postura pragmática e telefonou para seu primo, doutor Gilberto Machado de Almeida, neurocirurgião renomado, o qual se prontificou a me atender. Para isso, eu teria de ser transferida para o Hospital 9 de Julho, onde ele trabalhava.

Ao mesmo tempo, minha família soube que o presidente do Albert Einstein, doutor Reynaldo Brandt, também era neurocirurgião e, por um desses incríveis arranjos do destino, fazia plantão no pronto-atendimento bem naquele dia. Procurado por Paulo e meu pai, o Dr. Brandt imediatamente assumiu meu caso, tomou ciência da situação e disse que eu teria de passar por uma cirurgia no cérebro tão logo fosse possível. O teor de seu diagnóstico do que deveria ser feito e dos riscos envolvendo essa intervenção não deixavam margem para dúvidas sobre a gravidade do meu caso.

— Se Adriana não for operada, mas sobreviver ao derrame [só 15% das pessoas sobrevivem a derrames hemorrágicos, segundo a OMS], poderá ter uma lesão cerebral de grandes proporções que a deixará com severas limitações pelo resto de sua vida. Caso decidam pela sua cirurgia, não vou ocultar de vocês a possibilidade de ela também correr o risco de não sobreviver, embora as lesões possam ser menos graves, o que lhe permitiria uma sobrevida de melhor qualidade.

Aquelas palavras caíram como uma bomba para a minha família. Havia incredulidade, dor e impotência, além da sensação de devastação, como se um rolo compressor passasse e colocasse abaixo toda a minha existência, a pacata vida de até então, em que vinha acumulando conquistas profissionais e pessoais. *Como isso pode estar acontecendo com a nossa Adriana?*, transmitiam em segundos as trocas de olhares de todos.

Doutor Brandt precisava de autorização familiar para iniciar os preparativos do procedimento, decisão que Paulo e papai tiveram de tomar naquele momento, ainda sob o impacto da novidade de eu estar tendo um derrame. Paulo, entretanto, não teve dúvida:

— Pelo que conheço da Adriana, ela não aceitaria viver lesada. Vamos operar.

Meu pai concordou também; imediatamente comecei a ser preparada.

Quarta-feira, 16 de fevereiro de 2000

Os preparos duraram dois dias. Mapearam meu cérebro por meio de tomografia e ressonância magnética. Para diminuir o edema cerebral e a pressão intracraniana, deram-me uma medicação que provocava uma intensa coceira no interior da cabeça, deixando-me quase doida. Minha vontade era enfiar os dedos crânio adentro para aliviar a sensação de que este estava secando. Imagine-se vivenciando a seguinte cena: você sente uma coceira incontrolável em alguma região do corpo, sabendo que o alívio só virá se conseguir friccionar a região afetada, embora sem mãos para executar essa tarefa. Aí você poderá me dizer: "Ah, basta eu pedir para alguém coçar para mim". Perfeito! Todavia, no meu caso, era prurido interno que me alucinava. Como fazer? Queria mais é fincar as unhas dentro do cérebro!

Por várias vezes, minha mãe e uma enfermeira precisaram prender minhas mãos para eu não me machucar, até que me deram uma sedação para suportar a coceira desesperadora. Desalentada, ao me ver aparentemente relaxada, com as mãos abandonadas ao longo do corpo, minha mãe observaria, então, o perigo que eu correra ao olhar minhas unhas. Na pressa de me internarem e resolver com urgência a minha hemorragia cerebral, nem se preocuparam em realizar uma completa assepsia em mim. Isso deveria incluir minhas mãos, ainda sujas da terra que cavoucara algumas horas antes, em meu jardim. Para ser sincera, o sedativo piorou as coisas: entre o sono e a vigília, eu continuava sentindo a comichão. Assim, gritava para chamar a atenção das pessoas, mas elas não me ouviam. Quer dizer, eu me via chamando-as e acreditava que estava mesmo, mas não conseguia externar essas ações porque me encontrava semiconsciente.

Das poucas coisas de que me lembro daquele período hospitalar, esta é uma das mais marcantes: a sensação de pânico, de total abandono, em que eu queria arrancar fora a cabeça. Eu me desesperava e gritava, sem conseguir a atenção de ninguém, porque enquanto tudo isso se passava dentro de mim, o que conseguiam captar de minha aparência plácida – porque eu estava imóvel – era o fato de que eu estava adormecida.

Em consequência da medicação pré-cirurgia, depois de algum tempo – quando a coceira infernal passou a ceder também por conta dos anestésicos –, embora eu não conseguisse mais falar, comunicava-me por mímica. Nesse tempo, passava a novela *Terra Nostra*, da Rede Globo, que contava a história de amor entre imigrantes italianos. E eu imitava o peculiar gesto dos personagens, que significava *ma che*, ao não compreenderem algo.

Cooperava com médicos e enfermeiros; aparentava bom humor, mas em meu íntimo não conseguia relaxar nem dormir.

– Será que a Adriana pode comer sorvete de menta com chocolate? Ela adora... – Paulo tentava amenizar a situação, pois sabia, no fundo, do meu pavor.

A família também brincava comigo, procurando tornar mais brandos os intermináveis momentos de expectativa e ansiedade que antecediam a hora de eu entrar na sala cirúrgica – tarefa essa nada fácil.

Eu já não conseguia mais me comunicar.

Quinta-feira, 17 de fevereiro de 2000

O próprio Doutor Brandt foi quem raspou uma faixa na lateral esquerda de minha cabeça, na preparação para a cirurgia, gabando-se de seus dotes de cabeleireiro:

– Não é que deixei seu cabelo bonito? – disse, mirando minha cabeleireira raspada, algo similar ao estilo moicano, às avessas.

É óbvio que não me lembro dessa cena, mas como ele voltou a brincar com o meu novo modelito capilar após a cirurgia – e eu fiquei quase um mês no hospital –, minha família registrou esse seu carinhoso comentário.

Quem me visitasse mais tarde no hospital nem diria que eu fora operada da cabeça. De maneira diversa ao usual em uma cirurgia desse tipo, em que a cabeça é raspada por inteiro, a minha longa cabeleira foi poupada, graças à técnica e habilidade de "cabeleireiro" do cirurgião. Com um rabo de cavalo, a parte raspada ficava quase imperceptível.

Meus pais estavam otimistas porque eu seria operada com uma técnica nova, conhecida pelos médicos como GPS, pois tinha princípios de funcionamento similares ao sistema GPS dos carros.

Pesquisando melhor depois, descobri que essa técnica tem o nome científico de neuronavegação e é considerada uma importante ferramenta utilizada por neurocirurgiões na realização do planejamento pré e intraoperatório de cirurgias do cérebro e da coluna. Esse equipamento combina diferentes tecnologias, como as imagens digitalizadas da tomografia e ressonância, dando coordenadas cartesianas da estrutura estudada e, finalmente, a transmissão de dados em tempo real por sistemas de telemetria. Tudo isso propicia um ato cirúrgico mais seguro.

O objetivo é ter, antes mesmo de iniciar o procedimento e durante a cirurgia, imagens reais das estruturas do cérebro ou da coluna, permitindo que o médico vá direto ao ponto para, assim, minimizar o risco de lesar outras estruturas próximas à área de interesse, retirando o máximo do coágulo, ou todo ele, com maior segurança. Antes da intervenção cerebral, para o médico ter um mapa da região a ser operada e saber o que precisa ser feito, o paciente costuma passar por um exame de ressonância magnética, como foi o meu caso, ao me deitar em uma maca deslizante e ser introduzida no interior de uma espécie de túnel, em que se registraram as imagens do meu cérebro sangrando. O problema consiste no fato de que, durante a operação, as condições podem mudar, fazendo com que o cirurgião tenha de se guiar por uma imagem do passado, portanto, já alterada.

Atualmente, os profissionais levam a máquina para dentro da sala de cirurgia, assim, as imagens são atualizadas em tempo real. O cirurgião opera dentro da câmara. Com isso, pode-se ver com precisão as condições do cérebro, uma vez que, durante a operação, é normal que partes do cérebro se desloquem, refletindo uma realidade que não corresponde à imagem inicial. Com a informação da ressonância durante a cirurgia, consegue-se corrigir as distorções.

Esse exame de ressonância magnética, combinado com um sistema de neuronavegação, mostra em um monitor o local esquadrinhado pelo cirurgião. Por meio de luz infravermelha, o sistema detecta pinças, estiletes, tesouras e outros materiais usados pelo médico, e projeta em um mapa a região operada, como um carro que aparece nas reproduções das ruas em um dispositivo de geolocalização. Por isso, é comum a associação com "usar a imagem do GPS para não se perder no meio da Amazônia".

Foi exatamente o que ocorreu comigo: a partir do mapeamento de meu cérebro, esse equipamento de neuronavegação determinou e monitorou o caminho que o médico faria para atingir precisamente o local do sangramento, de modo que a incisão fosse a menos invasiva possível, provocando menos sequelas que as técnicas utilizadas até então. "Menos invasiva possível", claro, é modo de dizer, porque não há sutileza nenhuma no fato de um instrumento cirúrgico atravessar metade do seu cérebro. Por mais delicado e preciso que seja o instrumento, ele vai matando neurônios, desligando circuitos por onde passa; por isso, o cérebro tem funções afetadas.

Imagino o sofrimento de minha família, principalmente quando minha avó descreveu a reação de meu pai:

— Nesses últimos quatro anos, o meu filho estava tão apático, como um gatinho sem vida, por conta do falecimento do meu neto. Mas, na iminência de perder outro filho, reagiu como um leão.

Dessa maneira, quando entrei na sala cirúrgica, minha família, retirando forças do além, tinha a consciência de ter optado por aquele procedimento por ser o mais sensato diante do quadro apresentado, em decorrência da minha hemorragia cerebral. Mas não existia nenhuma garantia sobre quais memórias e aptidões seriam mantidas intactas no instante em que eu reabrisse os olhos. Em uma situação dessa, só nos restou entregar tudo nas mãos do cirurgião e de Deus. Hoje, arrepio-me só de pensar como os médicos realizavam cirurgias cerebrais antes de existir o GPS para guiá-los! Mas, enfim, a expectativa da equipe médica e de minha família para a operação era muito positiva, pois o procedimento representava a última palavra em matéria de cirurgia cerebral. E assim, às 9h10 do dia 17 de fevereiro de 2000, entrei na faca. Ou melhor, na broca.

E se eu estaria viva depois das horas de cirurgia, naquele momento, ninguém saberia dizer...

CAPÍTULO 12
UM DIA POR VEZ

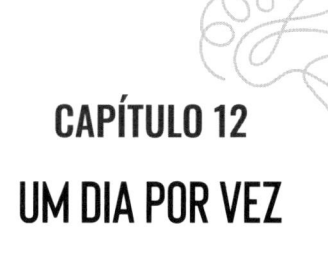

Horas de cirurgia, preces familiares e o desabafo desesperado de meus pais, dizendo que Deus não poderia levar mais um filho.

Coágulo retirado, tudo em volta cauterizado, missão cirúrgica cumprida. Mas não se podia avaliar, naquele momento, quais seriam minhas sequelas. Passei os primeiros dias pós-cirurgia sob sedação em uma UTI, dormindo o tempo todo, sem ter consciência do que acontecia ao meu redor. Momentos bem mais angustiantes vivia minha família a poucos metros dali, ao bombardear a equipe médica com perguntas:

— A Adriana vai poder andar? Vai se lembrar do que aconteceu? Vai falar?

Um dos médicos presentes limitou-se a dizer:

— Bem, quem passa por esse tipo de cirurgia não ganha; só perde. Agora, só nos resta aguardar para verificarmos a extensão dessa perda na Adriana.

Resposta nada animadora, não?

A maioria dos médicos, entretanto, sabe apenas lidar com os fatos e as estatísticas. Eles não estão preparados para um atendimento mais humanizado, posicionando-se do outro lado, sentindo empatia pela dor e desorientação da família.

Naquele momento, eu me encontrava reduzida à estatística dos sobreviventes de um derrame cerebral. A situação era: vítimas de derrame encefálico hemorrágico têm muito menos chances de sobrevida do que os vitimados por derrames isquêmicos. As respostas de recuperação também são bastante variáveis.

Ademais, era ainda muito cedo para ter alguma resposta. Somente quando abrisse meus olhos e conforme reagisse, e só a partir daí, é que esses prognósticos viriam. Naturalmente, dia após dia. Meu primeiro sinal de reação após a cirurgia ocorreu ainda na UTI. Minha irmã, Susana, conta que eu parecia estar dormindo quando alguns parentes vieram me visitar. Traziam junto um padre para me dar bênçãos. Posicionado em frente à minha cama, ele levantou o braço e começou a rezar:

— Vinde, Espírito Santo, protegei o corpo e a alma de Adriana com o Vosso amor e o Vosso poder...

Cruz credo! Só de recordar o que aconteceu – por intermédio do relato de minha irmã – já me dá arrepios! De repente, minhas pernas chutaram os lençóis, fazendo com que os tubos de soro caíssem no chão. Em um espasmo meu ainda mais intenso, o copo de água no criado-mudo foi parar em cacos ao pé da cama. A água espalhou-se não só pelo chão, molhou também o sofá. Assustados com o ruído, enfermeiras entraram no quarto, onde se esperaria reinar o silêncio de ambiente próprio para recuperação neurológica. Os equipamentos rugiam, as luzinhas passaram a piscar, frenéticas.

Assustado, o padre correu para a porta, tropeçou em uma cadeira, segurou o joelho, escorou-se no batente da porta e ali permaneceu. Minha irmã, por sua vez, sem saber como controlar a minha agitação, correu para a porta e gritou para as enfermeiras. Eu me debatia. Naquele momento, só faltava o meu pescoço virar para trás para protagonizar uma cena típica de filme de horror.

Da porta, o padre, de repente, continuou sua oração, sem dar importância às minhas mãos balançando no ar e aos tubos respiratórios que não paravam de tremer, como se fossem se desconectar da minha boca. O padre estava resoluto em cumprir sua missão e me benzeu, espargindo água benta em mim, nos aparelhos, na cama e em tudo o mais por perto.

Diz minha irmã que me acalmei somente depois que ele terminou seu ato de fé. Um silêncio, um torpor encheu o quarto. E minha fé manifestei – mesmo inconsciente – quando todos saíram do quarto e eu, com calma, abri meus olhos.

Hoje, ao imaginar a cena, penso: *Que mico! Vem um padre me benzer e eu o recebo feito uma possuída de filme de exorcismo!*

Apesar de inesperada, minha reação foi significativa para Susana. Ela acredita que alguma parte de minha consciência mantinha-se desperta naquele momento e devo ter associado a presença do padre à iminência de morte. Em outras palavras: interpretei que ele estava ali para me dar a extrema-unção. Assim, minha agitação foi uma maneira de expressar: "Eu vou viver! Não quero me despedir da vida!".

* * *

No estágio seguinte, fui para a semi-UTI, onde passei a receber estímulos para a reabilitação.

Esse trabalho tem início assim que o paciente de derrame abre os olhos. Caso contrário, quanto mais o tempo passa, mais diminuem as chances de recuperação. Não me lembro de nada do que aconteceu ali, mas, com meus conhecimentos atuais sobre Neuropsicologia, imagino que os profissionais de reabilitação vinham conversar comigo e faziam perguntas relacionadas ao tempo e espaço (para se certificar do quanto minha noção espaço-temporal fora atingida), se estava a par do que me acontecera, se lembrava de nomes de coisas e pessoas etc. Enfim, perguntas-padrão que os profissionais fazem para obter informações do quadro neurocognitivo do paciente após a intervenção cirúrgica.

O profissional especializado em Neuropsicologia tem um papel importantíssimo desde os primeiros momentos do pós-operatório.

A reabilitação neuropsicológica é – faço questão de frisar – fundamental para a recuperação. Mas também essencial é ter a oportunidade de escolher o processo terapêutico mais adequado ao paciente.

Sendo assim, serei sincera ao avaliar que houve uma etapa da reabilitação que passou a ser muito dolorosa para mim, sob o ponto de vista emocional. O fato de ter uma personalidade autoexigente, somada à minha nova realidade de limitações, só me levava a constatar o quão ruim eu me encontrava, o quanto havia perdido de minhas funções cognitivas. Perdas, perdas, perdas. Subtração, naquele instante, era o resultado de minha conta. Tive a sorte de contar com a sensibilidade de duas profissionais (infelizmente, hoje não se encontram mais na equipe da Neuropsicologia daquela instituição) que não insistiram no protocolo a ser seguido e orientaram-me a interromper, por um tempo, aquela reabilitação.

– A Adriana está muito fragilizada e deprimida. É importante respeitar seus limites para a continuidade do processo de *recovering* – orientaram as profissionais.

Sou muito grata pela competência e coragem de ambas.

Mas antes de sobrevir esse momento, vou retroceder àqueles em que ainda estava internada no hospital. A avaliação de meu estado, dez dias após a cirurgia, encontra-se registrada no laudo da neuropsicóloga que iniciou meu atendimento. No início do relatório, ela escreve o seguinte:

> A paciente Adriana Fóz, 32 anos, canhota, submetida a uma craniotomia estereotáxica parietal esquerda em 17 de fevereiro de 2000, encontrava-se extremamente fragilizada, com o humor deprimido, temporalmente desorientada, com dificuldades nas funções atencionais, de linguagem e de memória [...]. A capacidade de aprendizagem de fatos novos, de processamento mental, principalmente para informações verbais, e a noção de passagem do tempo, presente, passado e futuro, estavam severamente prejudicadas.

Da semi-UTI fui para o quarto, e os termos técnicos do laudo neuropsicológico se traduziram em dificuldades generalizadas quanto ao meu estado. Antes mesmo de eu passar a me movimentar, ainda deitada na cama hospitalar, a família notou que havia algo estranho com o lado direito de meu corpo: braço, mão, perna e pé estavam rígidos. Era como um bebê, a princípio alimentada pelos outros, necessitando reaprender as coisas mais básicas do cotidiano, bem como controlar as funções excretoras. Repito: há prova maior de regressão ou dano do que não ter controle sobre o xixi, por exemplo?

Eu, que busquei minha independência desde tão cedo e tinha uma carreira solidamente construída – embora ainda em ascensão – e uma clínica que geria (contando até com fila de espera de pacientes), encontrava-me totalmente à mercê dos outros, em uma dependência extrema, sem a menor noção do que ocorria comigo.

Os enfermeiros me estimulavam a retomar as atividades do dia a dia e notavam minhas limitações. Os membros do lado direito, insensíveis, não respondiam à minha vontade – eu não conseguia andar, nem usar braço e mão. Os do lado esquerdo respondiam aos comandos, entretanto com movimentos descoordenados e espasmódicos, como os de um robô desregulado.

* * *

Da cama fui para a cadeira de rodas. Só depois, bem aos pouquinhos, comecei a me levantar e voltar a andar, digo, me locomover, pois não dava para dizer propriamente que andava. Além da insensibilidade e imobilidade nos membros do lado direito do corpo, eu apresentava déficit de orientação espacial, o que me fazia parecer meio barata tonta, como um GPS em curto.

Descobriria na prática que, como vítima de um acidente no cérebro, mesmo tendo sofrido uma intervenção em tempo hábil, as consequências pós-cirúrgicas afetariam todo o meu organismo.

Sequela comum é a fraqueza ou paralisia completa de um lado do corpo – que se chama hemiparesia –, em alguns quadros, e, em outros, hemiplegia, paralisia parcial. Desse estágio até aquele em que recebi alta hospitalar para retornar à minha casa – conforme você, leitor, deve se recordar, que foi o estágio visto logo na primeira cena do Capítulo 1 –, a evolução do meu quadro fora bastante peculiar.

O derrame cerebral pode causar problemas de pensamento, cognição, aprendizado, atenção, julgamento e memória. Algo bastante recorrente é o "disparar" de problemas emocionais no paciente, quando este apresenta dificuldades em controlar suas emoções ou então as expressa demasiadamente de forma inapropriada. No meu caso, como tive lesão de hemisfério esquerdo, apresentei quadro de depressão.

Aliás, um conhecimento mais recente da Neurociência diz que pacientes acometidos por derrame no hemisfério direito podem ter reações de euforia, enquanto os que sofreram danos em seu hemisfério esquerdo podem ter a tendência à depressão patológica, como publicado por Elkhonon Goldberg, sobre o cérebro executivo no livro que não foi traduzido para o português, *The executive brain*, de 2001. Existem outras peculiaridades quanto à reação e a possíveis sequelas, dependendo do local do acometimento, da idade, da rapidez e efetividade da assistência médica e até do sexo do paciente – além, naturalmente, dos cuidados assertivos durante a reabilitação.

Com base nessas informações, eu sugiro: se for para ter um derrame, prefira que seja no pré-frontal do hemisfério direito!

É claro que estou brincando. Eu não correria o risco de mudar minha personalidade, atenção, percepção do espaço, dentre outras; e, ademais, as funções não são tão localizadas como entendia-se anteriormente.

Ainda a respeito desse assunto, considero fundamental fazer, aqui, uma breve explanação sobre o que envolve a reabilitação neurológica de um paciente que apresenta, por exemplo, disfunções múltiplas e incapacidades. Com frequência, isso demanda um trabalho em equipe de saúde multiprofissional e interdisciplinar visando à sua reabilitação. Talvez poucas pessoas tenham noção da quantidade de profissionais geralmente envolvidos na efetividade desse trabalho: médico fisiatra; neurologista; ortopedistas; cirurgião plástico: fisioterapeutas; terapeutas ocupacionais; fonoaudiólogos; psicólogos; psicopedagogos; neuropsicólogos e enfermeiros.

De modo geral, mas bem geral mesmo, a subdivisão das funções de cada especialidade envolve:

- **Medicina**: diagnóstico e tratamento, com toda a gama de exames. Prescrição de medicamentos e intervenções cirúrgicas. Lembre-se de que existem diversas especialidades, tais como Neurologia, Cirurgia Plástica e Fisiatria;

- **Fisioterapia**: restauração ou readaptação dos processos sensoriais e da função motora grossa e fina;

- **Terapia Ocupacional**: restauração ou readaptação das atividades da vida diária (cuja sigla é AVDs; incluem vestir-se, higienizar-se etc.), da vida prática (ex.: adaptação de instrumentos, tais como o uso de muleta ou bengala) e de lazer (ex.: passear com o cachorro, andar de bicicleta etc.), por meio de métodos específicos;

- **Fonoaudiologia**: restauração ou readaptação das funções motoras orais que envolvem a respiração e a alimentação (sucção, mastigação e deglutição), bem como a integração e harmonização da fala e da linguagem na comunicação humana;

- **Psicologia**: apoio clínico individual e/ou familiar para processos afetivos e psicocognitivos das relações interpessoais e intrapessoais;

- **Psicopedagogia**: apoio nos processos de aprendizagem, estimulação cognitiva e pedagógica (ex.: processo da leitura e escrita). É necessário um profissional com habilitação para educação inclusiva;

- **Enfermagem**: administração de medicamentos, uso e manipulação de instrumentos (ex.: alguns tipos de sonda). Cuidados especiais diários com o indivíduo;

- **Neuropsicologia**: avaliação e identificação da integridade das funções neuropsicológicas, tais como atenção, inteligência, memória, linguagem e cognição. Alguns objetivos da avaliação neuropsicológica (ANp) e do trabalho do neuropsicólogo são: auxiliar no diagnóstico, estabelecer prognóstico, orientar, planejar e realizar o processo de reabilitação. Também é um recurso valioso em casos de demências, Parkinson e doenças psiquiátricas. Mais recentemente, há a prática da avaliação no contexto forense. Na atualidade, a ANp não vem sendo usada apenas para casos de lesões ou síndromes, mas também para identificar e otimizar o funcionamento cognitivo de crianças, adolescentes, adultos e seniores. Assim sendo, escolas, pais e mundo corporativo têm procurado tal avaliação. Ah, o texto desta especialidade está mais extenso porque é a que atualmente exerço profissionalmente, já que logo após me reabilitar procurei me instrumentalizar fazendo um curso de Neuropsicologia.

Enfim, para alcançar a reabilitação mais completa possível é necessária uma equipe de profissionais competente e interdisciplinar. Lembrando que não somos apenas um membro ou um cérebro a ser reabilitado, portanto o entendimento do ser como um todo, o afeto e a informação são o verdadeiro e efetivo remédio.

No meu caso – imagino que já tenha ficado perceptível –, desde o início, devo a minha recuperação plena também ao apoio incondicional de minha mãe, que tanto facilitou a minha transição de pós-operada e dependente como bebê recém-nascido para a liberdade renovadora de me perceber novamente capaz de gerir minha vida de maneira autônoma.

E foi um longo trajeto, de muitas tentativas e muitos erros.

Os meus inúmeros esforços podem ser resumidos nessa analogia: sobe dois degraus, desce um. Sobe outros dois, desce dois. Sobe mais três, desce um.

E no espaço de tempo entre degraus, sob a tutela da intuição, da força de vontade, de pessoas e profissionais sensíveis e competentes, tive oportunidade e condições de assumir aos poucos o protagonismo de meu próprio sistema de reabilitação. O que mais tarde me levaria a pegar um atalho profissional, me especializando em Neuropsicologia.

Reabilitei-me de um modo bastante criativo, embora não menos sofrido. E "um dia por vez" era meu lema.

CAPÍTULO 13
OS MISTÉRIOS DA MEMÓRIA

Já perceberam como um grande problema nunca vem sozinho? Por permanecer muito tempo deitada na cama hospitalar, tive que cuidar de meus pulmões. Assim, realizava alguns exercícios de soprar bolinhas, que me ocupavam a manhã inteira (na minha cabeça, evidentemente, pois isso durava, no máximo, cinco minutos). Esse procedimento é usado justamente para prevenção de atelectasia. Esse termo é bem esquisito, por isso vou dar uma explicadinha: é a falta de expansão dos alvéolos de uma parte do pulmão ou do pulmão todo. Os pulmões são formados por milhões de alvéolos, pequenos saquinhos onde o sangue do corpo recebe o oxigênio que inspiramos.

A minha rotina, enquanto internada, consistia em acordar cedo, tomar café da manhã, fazer as atividades propostas, dormir novamente às dez horas, acordar para almoçar e depois dormir mais um pouco. Literalmente, eu regredira a um momento pré-escolar, à fase de bebê de berço, que está maturando seu cérebro e, mais do que permanecer acordado, precisa repousar a maior parte de seu tempo.

A reminiscência de pessoas e fatos, como era de se esperar, também andava inacessível para mim: em hibernação. Só reconheci prontamente meu pai e minha mãe. Do restante da família, incluindo meu marido, comecei a lembrar aos poucos. Meu pai conta que Paulo vinha todo sorridente para me ver e eu indagava:

— Quem é ele? — Mexendo os ombros, no característico gesto de desconhecimento.

— É o seu marido, Adriana. Você é casada há dez anos com o Paulo.
Eu devolvia uma expressão incrédula:
— Ah, é?
Quando, então, supunham que eu havia assimilado a informação de ter um marido, batia na mesma tecla:
— Quem é ele?
Paulo, com certeza, precisou de muita paciência para lidar com uma esposa desmemoriada – já que demorei para lembrar que era casada, quiçá tivesse marido – e ainda por cima com sequelas de pensamentos perseverativos (recorrentes). Esse é o nome de um dos comportamentos que acometem por certo período a maioria dos "operados da cabeça".

Em compensação, de maneira inexplicável, reconheci à primeira vista uma pessoa que estivera presente naquela viagem de catamarã pela Bahia. Não me pergunte como é possível não se lembrar do próprio marido e identificar alguém que se viu uma única vez na vida.

A memória constitui um universo complexo: nossas lembranças não se encontram em um único local, nem são acessadas da mesma maneira.

E quando a memocaixa de Pandora se abre... É o momento de aprender a lidar com antigos nós que – não sei por que – vêm à tona após a operação cerebral. É fato quase inquestionável: qualquer um que passou por uma cirurgia dessas tem algo a confessar sobre como emergem dados de um passado que a pessoa nem sabia mais existir!

* * *

Julgo importante oferecer uma visão geral e simplificada sobre como se organiza o cérebro humano, para você entender o que se sucedeu comigo.

As principais divisões anatômicas do córtex cerebral são:

- **Lobo frontal**: situado na frente da cabeça, é o responsável pelo planejamento consciente, controle de impulsos, flexibilidade mental, atenção e expressão verbal;

- **Lobo temporal**: situado nas laterais inferiores, tem papel importante na memória, na audição e na compreensão verbal;

- **Lobo parietal**: situado nas laterais superiores, é o responsável pela capacidade sensitiva e espacial e pela elaboração do movimento, além dos aspectos orais e gráficos da linguagem;

- **Lobo occipital**: situado nas partes posteriores, que processa a visão;

- **Lobo da ínsula**: se situa escondida nas profundezas da fissura de Sylvius, que separa os lobos frontal, parietal e temporal e desempenha uma função complexa, como processos sensoriais e emocionais.

Consideremos que essas regiões, formadas pelo córtex, são as mais externas ao cérebro.

Já as mais internas são:

- **Gânglios** (ou núcleos) **da base**;

- **Diencéfalo** (tálamo e hipotálamo);

- **Cerebelo**, responsável pelo movimento e equilíbrio;

- **Tronco cerebral**, que governa as funções vitais, tais como respiração;

- **Corpo caloso**, que une os hemisférios cerebrais, o esquerdo com o direito.

Conforme mencionei, enquanto o hemisfério esquerdo, *a priori*, se dedica à análise do material verbal; o direito ocupa-se, entre outras funções, com a análise das relações espaciais e os estímulos musicais.

O hemisfério esquerdo lida com a fala, tanto a produção quanto a interpretação, como escrita, leitura, compreensão de símbolos, processos aritméticos, reprodução de figuras complexas e pormenorizadas, enquanto o hemisfério direito, de modo geral e não excludente, pode se especializar na relação visuoespacial, na percepção espacial global, no reconhecimento das reações faciais e posturais, na análise de figuras desconhecidas.

Em mim, uma das áreas que a princípio se mostrou prejudicada foi a da fala, não pela incapacidade de articular sons ou por não decodificar mais os signos linguísticos, mas porque não me lembrava das palavras. Sim, era o meu hemisfério cerebral esquerdo que sofrera avarias. Curioso: eu compreendia perfeitamente o que me diziam e sabia que sabia falar, mas na hora de me expressar as palavras não vinham. Era como estar em uma estrada e constatar que um trecho havia desaparecido. O jeito, então, era apelar para a mímica.

Quando pedi à enfermeira para que ajeitasse o travesseiro em minhas costas, por exemplo, não consegui me fazer compreender.

Tive de repetir com gestos algo como "aqui, aqui", que tentavam sinalizar o que queria.

– Desculpe-me, senhora, não estou entendendo. O que tem aí na cabeceira da cama?

Gesticulava de novo, até alguém adivinhar o que eu tinha em mente. E nem sempre era simples.

Dessas reminiscências de internação hospitalar, minha mãe relata que, certa vez, fiz um gesto estranho, como se estivesse serrando a perna. Sem fazer ideia do que aquilo significava, ela brincou:

– Nossa, minha filha, depois de operar a cabeça você também quer operar a perna?

Depois de vários palpites, em que eu mostrava a mão deslizando pela perna, finalmente mamãe captou:

– Minha filha, você quer depilar a perna, é isso?

Ufa! Meu vocabulário estava prejudicado, mas meu senso estético ainda continuava lá!

O que também acontecia, às vezes – quando o processo de reabilitação já vinha fazendo efeito –, é que eu queria falar algo e acabava expressando outra coisa. Eu pretendia dizer "Quero fazer xixi", e o que saía era "Quero água... Não... Não... Quero fazer água". E antes ainda era pior a minha fala. Para dizer simplesmente "Está coçando", eu tentava encontrar a palavra, mas o que conseguia pronunciar eram palavras malucas que nem existiam.

Minhas dificuldades de comunicação se reduziram quando descobri – veja só – que conseguia me expressar em inglês! Embora não tivesse fluência nesse idioma, o inglês passou a funcionar como sistema auxiliar, ou segunda língua, pois eu conhecia sua gramática básica e detinha um vocabulário razoável. Eis mais um mistério do cérebro: os conhecimentos da língua materna e os do segundo idioma (quando aprendido depois da segunda infância) ficam armazenados em regiões diferentes. Isso explicava por que eu conseguia acessar em inglês as palavras que não conseguia lembrar em português.

Se eu tinha, com o passar do tempo, algum êxito na comunicação e na movimentação, o equivalente não ocorria com meu senso de orientação temporal. Tendo perdido a noção da passagem do tempo, faziam comigo o mesmo que se faz para educar um bebê: durante o dia, deixavam as janelas e cortinas do quarto abertas para eu perceber a luminosidade e entender que era dia, hora de ficar acordada; à noite, escurecia-se o quarto para sinalizar que era noite, hora de dormir.

Você pode se perguntar dos porquês das minhas dificuldades: movimentos, fala, memória e tudo o mais. Isso tudo acontecia em função do local do cérebro lesionado pelo derrame, como esquematizado anteriormente: o tálamo e os gânglios da base. O tálamo é uma estrutura que fica bem no centro do cérebro, responsável pelo gerenciamento das informações que armazenamos, similar a uma rotatória no centro de uma grande avenida.

Já a função cognitiva dos gânglios da base é o armazenamento da memória no encéfalo para ocorrência da ação motora. Outra função dos gânglios da base são determinar a velocidade e a amplitude que o movimento vai ter.

Pelo fato de o derrame ter ocorrido nessa região, a rotatória e o sistema de armazenamento ficaram interditados, e o acesso às informações, bloqueado.

As milhares de palavras que eu sabia, toda a instrução adquirida ao longo da vida, as lembranças, a função de uma simples escova de dentes e tudo o mais estavam preservados, mas eu não conseguia acessá-los porque os caminhos encontravam-se interditados.

O tálamo também é a região responsável pela sensação dos movimentos, o que explica as dificuldades motoras do lado direito do corpo e a recusa do braço e da perna em obedecer às minhas ordens. Acrescente-se: a lesão decorrente do AVC atingiu a região parietal do lado esquerdo do cérebro – que organiza os movimentos e a espacialidade, além da sensibilidade. Algo bastante interessante de notar é que, apesar da localização das funções, como cada cérebro tem uma biografia particular, nem sempre a sequela corresponde exatamente à identificação da lesão. Por exemplo: tive problemas sérios com atenção e memória, que não são funções típicas do tálamo e dos núcleos da base, por exemplo. Isso corrobora a ideia de que somos um todo, e não várias partes desconectadas entre si.

Eu me sentia como uma adulta criança, que não consegue extrapolar suas ações para o passado ou o futuro. Eu conseguia vivenciar apenas o meu presente. Os acontecimentos passados se encontravam enevoados, entrelaçados com as noções de presente. Nos momentos pós-cirúrgicos, eu não percebia as sequências dos acontecimentos.

A consciência da dimensão temporal tem como função não só auxiliar na localização de um acontecimento no tempo como também proporcionar a preservação das relações entre os fatos nesse espaço.

Antes de sofrer aquele tipo de abalo, jamais havia parado para constatar a importância do tempo como tal, uma vez que, diferentemente do espaço ou da velocidade, ele não é evidente. Percebemos somente os acontecimentos, ou seja, os movimentos e as ações, suas velocidades e seus resultados.

Nos exercícios de reabilitação, me solicitavam desenhar as horas em um relógio e tentar contar alguma coisa que havia acontecido horas antes ou no dia anterior, mas eu ficava muito confusa. Passado, presente e futuro não existiam para mim.

– Eu... tomei banho... amanhã – recordo-me de ter respondido certa vez, por meio de estímulos das profissionais de reabilitação.

– Amanhã? Veja, Adriana, o que representa amanhã, neste calendário.

A reabilitadora também me apresentou um novo relógio, com ponteiros móveis.

– Agora são duas horas da tarde. Para amanhã, quanto o ponteiro do relógio deve avançar?

Eu franzia a testa, em um esforço descomunal para coordenar as ações cotidianas dentro do espaço-tempo e ainda exemplificar de maneira concreta ao lidar com aqueles ponteiros móveis no relógio de papel-cartão.

Ao fazer um balanço de tudo isso, sou obrigada a confessar: eu me via mergulhada em uma notável desorganização mental que me tornava muito repetitiva.

– O que aconteceu comigo? – eu perguntava.

– Você sofreu uma cirurgia para conter um derrame, filha – dizia minha mãe.

Eu balançava a cabeça, tentando compreender o que aquilo significava. Calava-me, parecendo ter entendido; entretanto, dali a meia hora, repetia:

– Mãe, mas o que aconteceu comigo? Por que estou aqui?

Ela trocava olhares com meu pai ou com Paulo (dependendo de quem estivesse por perto) e voltava a me responder, com toda a calma do mundo, como se falasse a uma criança muito pequena:

– Adriana, você sofreu uma cirurgia para conter um derrame.

Por mais que as pessoas me expusessem o ocorrido, eu parecia não ser capaz de reter a informação. Também dizia muita "abobrinha", o que transmitia a impressão de ter perdido a sanidade.

Em um nível profundo de consciência, meu senso crítico fora preservado e eu tinha noção de minhas deficiências, o que me causava bastante angústia. Como disse certa vez uma amiga minha: "Quando não existe consciência, está suzu bem". O problema consistia no fato de eu saber que sabia e não conseguir lembrar. Precisava reaprender a lembrar, superando a perda de neurônios, a angústia e a depressão. Seria esse o grande desafio de minha reabilitação? Será que minha plasticidade emocional seria ainda mais difícil do que a plasticidade cerebral?

CAPÍTULO 14
POR QUE UM DERRAME AOS 32 ANOS?

E por que alguém que mal passou dos 30 anos teria um derrame, algo que tão raramente ocorre nessa idade? A análise do material retirado na cirurgia trouxe a resposta: na verdade, eu havia nascido com uma malformação chamada malformação arteriovenosa congênita. Era uma espécie de bolsa de sangue que, de vez em quando, sangrava – isso esclarecia as esquisitices que aconteciam comigo desde pequena. Fim do mistério: o formigamento e a sensação de estar indo embora eram efeitos dos pequenos derrames que me aconteceram várias vezes na vida, como leves tremores de terra que são sentidos, mas não provocam prejuízos. Até que, naquela tarde abafada de fevereiro de 2000, ao som de *Bolero*, de Ravel, aconteceu o Grande Terremoto de 9 graus na escala Richter.

O fato de ter nascido com uma malformação arteriovenosa não teria, por si só, atrapalhado a minha sorte. Eu poderia passar a vida inteira com aquela bolsinha de sangue no tálamo sem nunca ter nada, além de um ou outro formigamento. Entretanto, a maneira como conduzi minha vida selou a possibilidade de ter um derrame. E, por isso, creio que ficarei sem saber o que vem primeiro: o ovo ou a galinha?

Hoje compreendo que durante a infância funcionei mais com o hemisfério direito do cérebro – o centro da emoção, da sensibilidade e da intuição, o que é comum às crianças de modo geral. Porém, em função de todas as experiências confusas vividas naquele período da vida, optei por calar o que considerava uma exacerbação de minhas percepções, passando, a partir da juventude, a utilizar muito o hemisfério esquerdo – o centro da lógica e da razão –, na medida em que buscava compreender o que acontecia comigo. Atingida a vida adulta, deixei o lado direito de meu cérebro meio jogado às traças e transferi para o esquerdo o controle de minha vida, sempre baseando-me na razão, no concreto e na lógica. Vale a pena lembrar que esta é uma explicação didática, porque cada cérebro é único, da mesma forma que cada cabeça, uma sentença.

Aqui, faço um alerta para qualquer pessoa que deseje – a despeito das imprevisibilidades – evitar atitudes que podem predispor a um derrame, listando duas delas:

- Ter uma personalidade extremamente mental e rígida;
- Estressar-se em excesso pelas mínimas questões.

É lógico que se devem considerar outros fatores desencadeantes ou de risco, tais como qualidade da alimentação, sedentarismo, tabagismo, obesidade, diabetes, aterosclerose, hipertensão e ansiedade extrema, além das inevitáveis bagagens genéticas e biológicas.

A quem servir a carapuça, que levante a mão. Quanto a mim, eu respondo de imediato: Aqui, presente! Talvez se eu tivesse levado a vida de modo mais leve, não me cobrasse tanto, exigindo menos de mim mesma, nada daquilo teria acontecido. Entretanto, deixava-me esgotar pelas circunstâncias, esquentava muito a cabeça e acabei desenvolvendo as condições para o derrame. E onde ele foi acontecer? Justamente no hemisfério esquerdo, a sede da razão! Na tentativa de atribuir significado para isso, me ocorreu que eu vinha gerindo meu cérebro de maneira desequilibrada, ao sobrecarregar apenas um dos hemisférios, levando-o a sofrer uma pane. Por isso a metáfora com a estátua do Louvre, mencionada anteriormente. Ela, a estátua, ficou sem a cabeça. Eu, pelo menos, fiquei com a minha...

Mediante esse entendimento e com o lado esquerdo cerebral avariado, não me restou alternativa senão usar o lado direito e refazer as conexões perdidas. Dessa forma, reabilitei-me usando mais o meu hemisfério direito. Isso, como você saberá mais adiante, foi minha salvação. Antes, porém, você perceberá a precariedade do estado emocional em que me encontrava.

CAPÍTULO 15
APRENDENDO SOBRE ESCOVA DE DENTES

No período de minha internação hospitalar, eu caminhava no corredor em companhia de um fisioterapeuta, que me ajudava a dar passinhos de tartaruga com um andador. Não sei que trapalhada eu estava fazendo, mas ele ria. Isso é típico em mim: quando a circunstância foge ao meu domínio, o nervosismo me faz querer brincar com todo mundo, fazer graça. Na certa, eu brincava com a minha própria situação, em vez de me colocar como vítima; "brincava".

Uma das consequências do meu derrame, ou melhor, do acidente vascular cerebral hemorrágico, foi logo evidenciada: eu não conseguia acessar as informações de vivências e conhecimentos em minha memória, como se o acesso ao arquivo mais remoto tivesse ficado bloqueado. As funções e as faculdades que a memória deveria desempenhar normalmente, de maneira automática, tinham se rompido. Para você ter uma ideia do significado de "não acessar informações", sabe o que aconteceu quando uma enfermeira me estendeu a escova de dentes com um pouco de pasta? Fiquei parada, olhando ora para ela, ora para a escova. O que seria aquele objeto colorido com uma coisa pegajosa na ponta? Pois é, não fui capaz de identificar a escova, nem lembrar o que fazer com ela. Eu parecia uma alienígena recém-chegada ao planeta, aprendendo os costumes terráqueos e sendo apresentada às coisas mais básicas: "Adriana, isso é uma escova de dentes"; "Adriana, isso é uma colher", "Adriana, isso é um lápis".

Ao perceber que eu não tinha noção do que fazer com aquele objeto, a enfermeira retirou-o de minha mão e simulou os movimentos próximos à sua boca:

— Isto é uma escova de dentes, serve para escovar seus dentes. Assim, está vendo? – ela falava e, ao mesmo tempo, fazia os gestos de quem esfregava a escova na frente da boca. – Depois que passar por todos os dentes, sem engolir a espuma, enxague com água...

— Es-co-va ... den-tes! – repeti, para não parecer uma tonta. Mas, obviamente, parecendo a própria.

Não pense que reaprendi de primeira. Foram necessários diversos exemplos, várias tentativas, até o meu cérebro reaprender a atividade, o gesto. E, por último, a palavra.

Aliás, sou muito grata a alguns profissionais que lidaram comigo, como foi o caso dessa enfermeira em particular.

Quando o paciente se encontra debilitado, desorientado – principalmente se acabou de passar por uma cirurgia invasiva –, com restrição em sua capacidade motora e cognitiva, não consegue, na maioria das vezes, exprimir o que sente. Tudo o que precisa é de um mínimo de empatia e não ser tratado apenas como um pacote ou uma ferramenta de trabalho. Há enfermeiros e médicos que executam seu serviço de maneira mecanizada, mal olham para o paciente, cumprem suas funções apressadamente e ainda consultando o relógio, como se estivessem loucos para encerrar o expediente. Não digo isso apenas pela minha experiência pessoal, mas sedimentada também em relatos de meus pacientes, que fui conhecendo ao longo de minha atividade com reabilitandos.

Após receber alta hospitalar, comecei a também participar do grupo de reabilitação no próprio hospital, sempre levada por um familiar, que me acompanhava. Pude constatar, assim, a existência de casos piores que o meu. Apenas alguns poucos me pareciam melhores. Havia um homem com seus 55 anos de idade (23 anos a mais do que eu) que, segundo a neuropsicóloga e a fisioterapeuta, sofrera derrame similar ao meu em termos de etiologia e localização, ou seja, derrame hemorrágico do hemisfério esquerdo, região talâmica.

Dentre as diferenças que apresentávamos, eu era canhota e ele, destro. Sendo canhota, minha parte motora não foi afetada de maneira radical, uma vez que o meu lado dominante motor era o direito, ao contrário de um destro. De certa forma, isso me ocasionou menores danos.

É óbvio que cada cabeça é uma sentença, cada cérebro é um cérebro, cada história é uma história. Entretanto, ao pensar naquele homem tão alto, forte, pai de três filhos, médico e casado com uma mulher meiga, concluo que as coisas não são lineares, lógicas e explicáveis como almejaria a minha racional filosofia. Como estará hoje aquele homem, que se encontrava com a face direita retorcida, repuxada para baixo, com uma marcha completamente torta, andar rígido e ceifante, braço e mão também rijos e tortos? Fico elucubrando se ele se reabilitou, ao menos da fala – o pobre mal conseguia articular duas palavras inteligíveis... Embora sejam incríveis os avanços da Medicina, bem como as recentes revelações da Neurociência, ainda existirá sempre a marca de Deus e de fatores incontroláveis. Haverá sempre aquilo que foge ao nosso controle, ao nosso conhecimento...

Em vez de ficar aliviada e até me sentir privilegiada pela minha dificuldade ser menor, agradecendo a Deus por isso, a verdade é que o pânico me dominou. Fiquei ainda mais deprimida. Tenho até vergonha de dizer e não entendo muito bem por que o tiro saiu pela culatra. Talvez, ao ser confrontada com situação pior do que a minha, por enxergar ali o espelho do meu próprio problema ampliado – a minha extrema fragilidade e dependência –, entrei em curto-circuito. Essa deve ser uma questão de nível sociológico, antropológico, psicanalítico e neuropsicológico bastante complexa.

Hoje, ao me recordar da angústia que me invadiu, sinto-me até pequena. Afinal, a olhos vistos, meu caso era menos grave do que o do senhor em questão, mas, em vez de gratidão e alívio, sentia mais desesperança. E, como consequência de meu estado psicológico deprimido e transtornado, os especialistas decidiram interromper o seu trabalho comigo, lá no hospital.

Refletindo sobre essa experiência, aprendi algo: é muito importante também ficar entre iguais, assim como é igualmente significativo desfrutar da presença de pessoas que não tenham qualquer problema similar ao seu, até mesmo para se distrair, se afastar do problema e vivenciar outros modos de vida, de ser. Crescer, ver além. A tudo isso eu chamo de "se alargar".

* * *

Para ficar mais clara a ideia de "se alargar", vou contar uma das cenas mais emocionantes de transformação da natureza que eu vi. E eu tinha por volta dos 13 anos.

— Cícero, olha isso! — Recordo-me de ter exclamado ao meu irmão, no exato momento em que pus os olhos na lagosta, dentro de seu aquário de água salgada.

— Nossa, que incrível, ela está soltando seu exoesqueleto — explicou Cícero.

— E o mais lindo: já tem outro por baixo muito parecido, mas maior! Veja, com os pelinhos das antenas, com os acabamentos mais sutis de suas patas... Incrível! — Eu estava maravilhada.

Aquela lagosta me fez entender o conceito de "alargamento", uma vez que era a mesma lagosta, só que mais amadurecida, mais "larga". Crescer, modificar-se, aprender; para mim é uma sequência de "alargamentos". Somos quem somos, mas nos tornamos "maiores" por meio de nossas experiências.

* * *

Naquela fase de reabilitação, não me senti "alargada", mas "apertada", "comprimida". Via-me, sim, sobrevivente de um terremoto — imagem mental recorrente, de que faço uso em vários momentos. Tanto é que essa situação me gerou tamanho estresse que não saberia denominar o que veio primeiro: se o estresse ou a depressão. Apenas relatarei algumas consequências concretas do que passei, tais como: os seis meses sem menstruar; o uso de Dormonid, porque vivia tão assustada, em estado de alerta, que não conseguia relaxar e, consequentemente, dormir; o cabelo, que mudou de cor, caindo em tufos; a necessidade de comer seis vezes por dia, porque a sensação era de que, se não comesse de três em três horas, entraria em estado de inanição. Comer me exauria, falar me exauria, subir a escada me exauria, tinha a sensação de tremer constantemente por debaixo da pele.

Foi graças à sensibilidade de um enfermeiro, contratado para me atender depois em casa, que consegui solucionar um problema que vinha me angustiando. Toda vez, ao terminar de tomar o café da manhã, ingeria os anticonvulsivos – medicamento que passou a ser necessário –, vomitando tudo logo em seguida. Nada parava no meu estômago em reação àqueles remédios e, é claro, à toda a situação.

No hospital, os medicamentos eram dados via intravenosa, mas em casa eu tinha de tomá-los em forma de comprimidos. A energia de meu corpo se concentrava naquele prosaico ato de permitir que eles permanecessem dentro do organismo e fossem metabolizados. Apesar de toda a minha confusão e desorientação internas, sabia que não poderia vomitar o anticonvulsivante. Afinal de contas, lembrava-me bem da nada agradável sensação de convulsão que tivera algumas vezes.

– Bom dia, Adriana! Pronta para mais um dia? Já tomou o seu café da manhã? – dizia-me Sílvio, ao adentrar meu quarto, sorrindo como se anunciasse a chegada da primavera.

E olha a minha recepção: buááá. Caía em prantos, em um lamento doído, interminável. Pena que minha família e eu ignorávamos que essa reação – até previsível – fazia parte do quadro pós-operatório de cirurgia cerebral de hemisfério esquerdo.

Era visível que o enfermeiro em questão tinha prazer em seu trabalho e se orgulhava em executar suas funções. Mesmo quem estava meio cabisbaixo conseguia se reerguer com um cumprimento tão efusivo como o dele. Há pessoas assim: iluminam à sua volta, têm luz própria.

Nessa etapa de minha reabilitação, já conseguia me expressar verbalmente. Assim, certa vez respondi:

— Bom dia... Sílvio. Tentei tomar... o café da manhã, sim. Mas... Não posso esperar mais para tomar esse treco? Quando... eu engulo, meu estômago revira e não consigo deixá-lo na barriga... Acabo botando tudo pra fora... — O remédio havia se tornado, a essa altura, quase uma entidade.

— Nananinão! Vamos tentar tomá-lo com a barriga cheia. Bem... Vamos fazer o seguinte? Eu vou macerar para você e... Espera aí, que vamos enganar o seu estômago! — Ele propôs ao entender minha angústia.

— Mas fico "panicada"... Sei que se o remédio não ficar, posso ter mais convulsões...

Enquanto observava o entusiasmo do profissional de saúde, concentrado naquela atividade, senti-me até melhor.

— Agora, beba com um pouco de água! E tome um pouco de iogurte...

Não é que ele teve paciência de me dar, em intervalos de cinco minutos, cada fração do comprimido partido? A sessão medicamentosa durou quase uma hora e meu estômago não protestou daquela vez. Foi a forma como conseguiram evitar a rejeição do meu organismo ao medicamento a partir dali. A dica pode ser considerada prosaica, mas para quem não tem prática anterior com esse tipo de problema, é praticamente a descoberta da pedra filosofal!

CAPÍTULO 16
EMOÇÃO E PACIÊNCIA

Afundada no banco do carona, ainda zonza, eu observava Paulo dirigir de maneira veloz, levando-me de volta para o que seria o meu mundo real, depois da transição de um mês como turista involuntária em um hospital. As ruas e avenidas avançavam diante de meu olhar catatônico, sem que meu cérebro registrasse alguma lembrança delas. Quase um mês depois de ter saído carregada por aquela porta, voltava ao lugar em que morava.

Esse retorno me colocou em contato com a vida que eu levava antes do acidente, e isso foi um choque para mim. Minha intenção, ao contar mais sobre minha chegada em casa após a alta hospitalar, é reforçar a minha completa desorientação com relação aos difíceis momentos que se seguiram.

Eu estava saindo do primeiro estágio de minha recuperação pós-cirúrgica. Enquanto internada no hospital, pareceu-me estar mergulhada em uma fase onírica. Mesmo sem consciência total do que sucedera comigo, tive de iniciar lentamente uma nova organização corporal, após grave desequilíbrio. Mas agora, de volta ao cotidiano de minha vida, defrontava-me com a realidade, e ela não me parecia nada cor-de-rosa. Aliás, enxergava tudo cinzento e nebuloso.

Quando algo grave acontece em nosso corpo, ele aciona a própria sabedoria – de modo inato –, possibilitando que priorizemos a vida. Logo, ele todo se organiza para tratar da área em pane. Toda nossa energia e concentração acabam sendo deslocadas para a região que precisa ser restabelecida. Isso justifica o fato de eu não ter me preocupado por um bom tempo com mais nada, a não ser com os cuidados básicos da sobrevivência física. Chamo esse movimento, essa mobilização, de forças, de segundo estágio.

Para quem nunca se defrontou com um problema desses, seja por experiência própria ou por histórico familiar, talvez possa ter uma ideia disso somente fazendo o uso de uma imagem mental: imagine-se sobrevivente de um bombardeio de guerra – no Iraque, por exemplo –, tendo a constatação de que só sobrou a sua cama. Foi assim que me senti. No instante logo posterior ao derrame, todas as minhas vontades e aspirações foram suprimidas. Apenas as necessidades mais básicas passaram a contar.

Além do enfermeiro Sílvio, contratado para passar o dia comigo e até me acompanhar às sessões de fisioterapia, havia sempre alguém da família ao meu lado, pois precisava ser monitorada o tempo todo. Iniciava-se uma fase delicada de minha reabilitação, em que meus pais sentiram a necessidade de uma ajuda externa, de alguém neutro, que não fizesse parte do núcleo familiar e, por isso mesmo, tivesse mais estrutura para lidar com as dificuldades que eu acabaria impondo.

Montou-se um time de cuidadores, um para cada dia da semana: mamãe, minha irmã Susana, minha cunhada Helô, as amigas Alexia e Anna Luiza e minha avó Wally. Você pode até imaginar que houve necessidade de organizar um rodízio para contentar a todos, com tanta gente querendo ficar comigo, não? Bem, não exatamente...

Tinha de ser muita gente mesmo, pois era cansativo ao extremo me fazer companhia. Sinceridade? Era um estresse, pois eu exauria a disposição das pessoas. Susana é quem conta: eu repetia tantas vezes a mesma ladainha que eles ficavam exaustos.

No primeiro dia, foi minha mãe quem ficou comigo. Como aquela mãe zelosa de filho recém-nascido (com a diferença que eu falava e interagia – em termos), queria saber se estava tudo bem comigo, se eu desejava mais ou menos claridade no quarto, se o travesseiro estava na altura certa, se queria mais cobertas ou degustar algo específico a que não tivera acesso no hospital. Tudo o que eu fazia era recusar com um meneio fraco de cabeça, sorrir debilmente e dizer:

– Não, está tudo bem. Só quero descansar mesmo.

Após alguns minutos, como se não entendesse o porquê da mamãe estar ali ao meu lado, e eu deitada, em plena luz do dia, perguntava:

– Mas... O que aconteceu comigo?

Então, ela me explicava tudo, não sem certa aflição interna percorrendo sua espinha. Contou-me, muito tempo depois, que sentiu um nó formar-se em sua garganta e teve vontade de me pegar no colo, como a um bebê, enquanto um pensamento inquietante a invadia: *Meu Deus, a Adriana parecia tão bem no hospital! Agora, dá a impressão de nem se lembrar de ter saído de lá e de estar em fase de recuperação de uma cirurgia cerebral!*

– Dri, você teve um acidente vascular cerebral, um derrame, e foi internada às pressas. Passou quase um mês no hospital, lembra-se? Agora, você se encontra em casa novamente, para se restabelecer. Daqui a pouco, vai se lembrar de tudo e até retornar ao seu trabalho na clínica.

Não pense você que com apenas uma explicação eu me dava por satisfeita. Eles tinham de repetir, repetir e repetir...

– Clínica? Eu trabalho em uma clínica? De quê?

Minha mãe pediu licença, retirando-se rápido para não perder o controle de suas emoções. Até para uma pessoa forte e valente como ela, era muita coisa para aguentar sem transbordar. Depois de mais alguns minutos, em que assoava seu nariz no banheiro, voltava com os olhos avermelhados. Sem me dar conta de seu esforço para não demonstrar sua comoção, nem fraquejar, eu continuava com a expressão inquieta. Assim, não me lembrando da pergunta recém-formulada, que ficara sem resposta, voltava à carga:

– O que aconteceu comigo?

Com toda a calma que Deus deu à maioria das mães deste mundo, ela me recontou a história de minha cirurgia, além de responder a perguntas e mais perguntas que eu ia fazendo, até que me contentasse. Pouco depois, lá vinha eu de novo:

– O que aconteceu comigo?

E dá-lhe contar tudo outra vez...

No dia seguinte, exaurida pelo esforço de contornar a minha curiosidade quase infantil (com pronto esquecimento), mamãe tratou de preparar a minha próxima cuidadora:

– Tenha paciência com a Adriana. Muita paciência mesmo... Lembre-se: ela acabou de passar por uma intervenção cerebral. Sua memória não está funcionando direito.

Paciência, ciência da paz. Que palavrinha importante!

Dito e feito. Insistia, martelando as mesmas perguntas inúmeras vezes:

– O que aconteceu comigo? Vou ficar boa?

A generosa alma que me acompanhava tentava de todo jeito me convencer de que eu iria, sim, me recuperar. Entretanto, eu não aceitava, ela contra-argumentava, eu rebatia e brigava... Ficávamos nesse debate até eu me acalmar, mas dali a meia hora recomeçava:

– Vou ficar boa?

Gostaria de recomendar algo aos amigos e parentes de quem sofreu uma operação similar: lembrem-se de que o tal pensamento perseverativo faz parte do processo de recuperação e demanda cuidados. Sei que estou perseverando ao repetir esse conselho, mas é para que não se esqueçam, caso um dia (batam na madeira, recorram ao sal grosso etc.) venham a conhecer alguém nessa situação. Enfatizando: a vítima de derrame pode não transparecer problemas, mas por dentro... É quase aquele ditado: "Por fora bela viola, por dentro, pão bolorento". Ou melhor, belo violão e, por dentro, uma baita confusão!

Imagino como tenha sido penoso para esses meus anjos me suportarem, já que nem eu mesma me aguentava por diversas razões. Devido à lesão no tálamo, minhas funções sensoriais estavam descalibradas, tudo era incômodo e atordoante. Um simples toque, por mais leve que fosse, já me doía como se fosse uma surra. Para você ter uma ideia de como eu me encontrava sensível, logo nas primeiras semanas de volta à minha casa, uma amiga ofereceu-se para fazer massagem em mim, com movimentos extremamente suaves. Embora seu toque sugerisse mais um carinho, ainda assim a terapia não foi uma experiência agradável, porque senti dor e fiquei toda roxa, cheia de hematomas!

A visão e a audição também estavam desreguladas: o ruído de uma porta fechando soava como uma explosão, enquanto um nível de luminosidade normal – para qualquer pessoa saudável – era quase insuportável para mim. O meu olfato apresentava-se tão aguçado quanto o de um cão perdigueiro; eu sentia cheiros, bons e ruins, com tamanha intensidade que chegavam a me embrulhar o estômago. Houve alterações significativas em meu paladar. Eu, até então bastante doceira, além de adorar sorvete, por conta de minha hipoglicemia – não ingerindo muito alimento salgado, como carne –, experimentei uma certa aversão a doce durante três anos após a cirurgia.

Para completar, a visão do olho direito encontrava-se refratada. Sabe quando se olha para uma colher dentro de um copo de água e ela parece deslocada em relação à parte que ficou fora do recipiente? Pois era assim que eu enxergava. Nessas condições, não dava nem para ver televisão. Como eu também não conseguia ler, as opções de distração eram bastante reduzidas. Na verdade, nem se meus sentidos estivessem funcionando normalmente eu conseguiria ver televisão, porque a capacidade de processar informações estava limitada, como se todos os estímulos recebidos do meio externo tivessem de passar por um funil para que eu só tivesse de lidar com uma informação por vez.

Olhar para o jardim e ver um arbusto, uma flor e uma arvorezinha já era o suficiente para me causar estresse mental: muita informação visual para processar de uma vez só. Eu ficava apenas cinco minutos caminhando no jardim, com a impressão de ter me ocupado a manhã inteira naquela atividade.

Parecia regredida a uma vida intrauterina, mergulhada no líquido amniótico, na qual a noção de tempo e espaço adquiria outra dimensão. Sentia-me boiar no espaço… Entretanto, ao contrário de um bebê que se sente confortável no meio no qual se constituiu, essa regressão não me era confortável e tampouco me transmitia segurança.

Ocorria ainda de olhar para uma pessoa e meu cérebro simplesmente não registrar. Houve uma vez, logo que voltei para casa, que queria algo e minha mãe me disse:

– Dri, peça para a Nalva. Ela está aqui para te ajudar também. Já explicamos a ela que você precisa de atenção total.

– E cadê ela? – perguntei.

– Dri! Você está brincando? Olha ela aqui, do meu lado...

Embora pareça incrível, era o que acontecia. E olhe que a funcionária em questão era minha cozinheira e trabalhava comigo havia uns dez anos. Eu a via, mas não conseguia enxergá-la. Voltar a perceber a sua existência levou um bom tempo. Veja a ironia: meu cérebro não registrava a presença de mais coisas ou pessoas do que era capaz de "digerir".

Decorridas algumas semanas em casa, eu já recuperara parte de minhas funções, como comer sozinha, me locomover, tomar banho; enfim, as ações bem básicas. Se tive incapacidade de saber ou reconhecer para que servia uma escova de dentes, imagine para quantos outros objetos e atividades pode-se extrapolar a minha inesperada "amnésia". Desconhecer a serventia do rolo de papel higiênico e do vaso sanitário, entre outros apetrechos, assemelha-se a algo surreal, até hilário, mas garanto-lhe que para mim não foi nada divertido. Recordava-me das coisas conforme me eram apresentadas e de forma repetitiva. Repetir, repetir...

Com a sua tremenda sensibilidade e bom senso, minha mãe resolveu me levar a uma minúscula quitanda, para me "reapresentar" a algumas frutas.

– Olha, Dri, segure aqui: isto é maçã, isto é banana... Você adorava comer maçã... Quer relembrar o gosto?

Encantada, tal uma criança pequena, a quem é apresentado um brinquedo novo, eu olhava com fascinação para aquelas diferentes formas, texturas, cheiros e cores.

Se fosse dona de menos discernimento ou estivesse menos conectada ao meu momento, minha mãe teria de cara me levado a um

Carrefour ou Pão de Açúcar da vida. E isso teria sido péssimo para mim, na situação em que me encontrava. A sensação que tinha, a cada nova informação, era a de estar ligando o disjuntor de cada tomada...

* * *

Em resumo, eu me cansava com uma facilidade enorme, sentia uma fadiga incomensurável. Hoje, tenho consciência: era o meu corpo recompondo-se. Embora aparentasse não estar fazendo nada, meu cérebro trabalhava a mil por hora. Aliás, é o que todos os cérebros fazem; mas, obviamente, por eu estar em plena reconstrução neurocognitiva e neuropsicológica, eu gastava uma energia além do previsto.

Sentia-me meio zonza, com a típica sensação de *jet lag*, o termo que designa a condição de desequilíbrio entre o ritmo biológico do organismo humano e os indicadores externos ambientais – que normalmente nos servem de referência –, causada pelas viagens de avião. Não há outra sensação mais familiar à maioria das pessoas que fizeram longas viagens a destinos com fusos horários muito diversos dos pontos de origem do que o mal-estar geral – afetando os planos físico, mental e emocional. Era esse descompasso que me invadia por semanas. Mas, no meu caso, não havia a acomodação que, felizmente, ocorre à maioria dos viajantes após chegar ao seu destino: eu me sentia em uma viagem São Paulo–Wellington, capital da Nova Zelândia. Um *jet lag* permanente.

As medicações também corroboravam para o mal-estar. Acredito que o Tegretol e outros medicamentos foram também responsáveis pelo *jet lag* – sem precisar de passaporte.

Em resumo: ficava esgotada. Ah, e ainda bem que não pedia para ninguém ler as bulas dos remédios. Aliás, todo medicamento deveria vir com essa advertência: "Não leia a bula, confie em seu médico!".

CAPÍTULO 17
PRIORIZAR É PRECISO!

Você não faz ideia de como minha pele ficou: erupções cutâneas tomaram conta de meu rosto. Minha pele era uma cratera. Eu tomava ainda um medicamento para dor e outro para reduzir a ansiedade, devido à tensão que passou a me dominar. Após certo tempo, incluí, dentre outros medicamentos, o Dormonid, porque não conseguia mais dormir à noite; parecia um zumbi. Esse último é um psicotrópico indutor de sono, caracterizado por rápido início e curta duração de ação. Também exerce efeito ansiolítico, anticonvulsivante e relaxante muscular. Quando fazemos exames de colonoscopia ou endoscopia, recebemos essa medicação intravenosa. É um barato bem gostosinho, desde que você esteja bem, claro. Desde que você não tenha sofrido um derrame cerebral!

Após alguns meses, minha mãe me levava para fazer limpeza de pele, para tentar eliminar aquelas crateras do rosto provocadas pelas medicações e estresse. Contudo, eu andava tão traumatizada com tudo o que fosse concernente à cabeça, que, quando a esteticista aproximou de mim um aparelho conhecido como ultrassom – fiz uma associação imediata com os que vira no hospital –, gritei, levando a mão ao alto, ao mesmo tempo que protegia a cabeça, achando que qualquer coisa poderia afetá-la:

– Não, moça, eu não posso! Eu tenho um buraco na cabeça!

– Isso não vai interferir em nada no interior de seu cérebro – ela explicou. – Mas tudo bem, se não quiser, eu não uso este aparelho.

– Não, eu não quero! – repeti, dura e tensa.

Eu andava sempre alerta, superexagerada com qualquer coisa relacionada à cabeça. Sentia-me como um bebê com a moleira aberta, sendo preciso tomar o máximo de cuidado com essa parte do corpo. Literalmente, encontrava-me traumatizada após a minha cirurgia cerebral.

O que também me angustiava eram as atividades de reabilitação: não estavam apresentando o resultado que eu esperava. Essa fase talvez seja a mais crucial, a mais importante, embora também seja a mais frustrante.

Lento, duro e penoso: relato agora como ocorreu o meu programa de reabilitação. Lembre-se de que falo sob o meu ponto de vista, pois até que o meu processo de reabilitação foi surpreendente. Desde o hospital, envolvi-me com atividades de fisioterapia para reaver a sensibilidade e a mobilidade do lado direito do corpo. Todavia, já estava em casa fazia meses, e eu percebia um progresso lento: continuava me locomovendo com passos curtos e inseguros, o braço dependurado como o de um boneco, a mão retorcida para dentro – andar conhecido como ceifante.

Realizava diariamente sessões de avaliação neuropsicológica com as mesmas profissionais que cuidaram de mim desde a semi-UTI. Elas aplicavam testes e exercícios de atenção e memória para verificar minhas funções cognitivas. No início, eu fazia sem critério, mas à medida que o tempo foi passando e eu fui me reabilitando neurologicamente é que a "vassoura foi pro brejo".

Naquela fase, nenhuma atividade era estimulante para mim – na realidade, me via ainda mais frustrada ao me defrontar com a incapacidade de realizá-las a contento, como já citei. Recordo-me de um teste, bastante conhecido para o neuropsicólogo, no qual eu ouvia mais de uma dúzia de palavras – tais como tambor, cortina, sino e café –, devendo repetir logo em seguida todas que eu conseguisse me lembrar. Na maioria das vezes, dava-me um branco e não me vinha à mente nenhuma das palavras que acabara de ouvir, o que fazia com que eu me sentisse totalmente incapaz.

O fato é: se uma pessoa sofre algum tipo de dano cerebral, uma ou várias funções cognitivas podem ser afetadas, como dito anteriormente. Recuperá-las exige empreender estratégias terapêuticas específicas para cada tipo de alteração detectada. A reabilitação cognitiva, ou ainda a reabilitação neuropsicológica, envolve processos que visam recuperar e estimular as capacidades funcionais, ou seja, (re)construir as "ferramentas" cognitivas da pessoa, ou ainda exercitar a plasticidade neurológica.

A reabilitação neuropsicológica, por meio da plasticidade neurológica, pode ter dois objetivos gerais:

- **Restituição da função**: favorecer a recuperação de funções, isto é, a recuperação da função em si mesma, dos meios, das capacidades ou das habilidades necessárias para alcançar determinados objetivos;

- **Substituição ou compensação da função**: favorecer a ação de objetivos, trabalhar com o paciente para que este possa desenvolver e alcançar determinadas metas usando meios diferentes aos usados antes da lesão.

De modo geral, pode-se afirmar que o objetivo principal da reabilitação é a recuperação e a otimização do funcionamento físico, psíquico, cognitivo e social, depois de uma doença ou dano neurológico. Promover um ambiente realista de esperança é fundamental.

Repito aqui: não tenho a menor dúvida de que um programa de reabilitação neuropsicológica é essencial, visando fornecer um modelo que ajude o paciente e sua família a compreender e lidar com o que ocorreu, além de criar estratégias para melhorar o seu presente e futuro. Na prática, infelizmente, muitas vezes isso não ocorre ou não é contemplado por falta de informação.

Os programas de reabilitação, em meu entender, deveriam ser desenvolvidos por profissionais interdisciplinares (de novo, esse conceito que tanto defendo!), utilizando metodologias qualitativas e quantitativas. Nesses programas, deveriam constar exercícios capazes de representar situações do cotidiano nas quais o paciente fosse incentivado a se concentrar, interagir, raciocinar, tomar decisões, entender o discurso corrente e expressar sentimentos e pensamentos. Mas esses programas de reabilitação tendem a se resumir em testagens de forma reducionista e treinos padronizados, não individualizados, que não relevam o histórico do paciente, suas características pessoais e seu projeto de vida. É óbvio: em um primeiro momento, quem sofreu um derrame vai falhar ou diminuir sua performance em qualquer medição! Moral do assunto: a avaliação ou diagnóstico não deve ser o fim, mas parte de um processo.

Se considerarmos que nascemos com 86 bilhões de neurônios e perdemos, em média, 100 mil por dia, de certa maneira estamos nos reabilitando continuamente, não é verdade? Ou seja, modificamos nossa arquitetura cerebral para continuar desempenhando nossas funções. É também por isso que sugiro que todos façamos pelo menos uma avaliação neuropsicológica no decorrer da vida.

Mesmo com toda a desorientação mental e dificuldades cognitivas que me bloqueavam, eu ainda era dona de certa autocrítica e de um medidor interno que me sinalizavam não estar progredindo – da forma como eu esperava, é claro. Aquilo me fez entrar em pânico.

Ainda havia resquícios da Adriana questionadora e psicopedagoga quando perguntava aos médicos o que se passava comigo: "Por que não enxergo direito? Por que tudo me dói? Por que não consigo me lembrar das coisas? Voltarei a ler e escrever? Conseguirei andar normalmente de novo? Voltarei a sentir o meu lado direito?". Por mais que perguntasse, porém, não obtinha respostas que me contentassem. O que escutava deles me deixava ainda mais insegura e apavorada:

– Se você não tomar remédio, pode ter uma nova convulsão e piorar.

Ou:

– Você pode ter outro derrame. A maioria de nós pode. Isso é estatística.

Hoje em dia, tenho a compreensão de que é muito complicado para os médicos fazer prognósticos sobre algo incerto. Em se tratando de uma reabilitação neurológica, tudo fica mesmo no campo das possibilidades, pois o grau de recuperação varia de pessoa para pessoa, depende muito de como cada um vivencia essa fase. Para quem se vê emocionalmente debilitado e fragilizado, a conduta dos médicos faz com que pareçam evasivos, pois tudo o que queremos, enquanto pacientes, é ter alguma certeza – por menor que seja – de que podemos nos recuperar.

Não tenho dúvidas de que é muito difícil o papel desempenhado pelos neurologistas de intermediar tanto a esperança quanto a impotência diante do imponderável – principalmente quando pressionados por uma alta carga de cobranças de todos os lados.

Só bem mais tarde, já reabilitada, eu entenderia o porquê de todas as dificuldades que tive. É como a ideia de "ligar os pontos" que Steve Jobs incluiu em seu discurso na Universidade de Stanford (EUA), em 2005: "Você não consegue conectar os fatos olhando para frente. Você só os conecta quando olha para trás". Esse discurso na íntegra encontra-se disponível na internet.

Ao sofrer uma lesão cerebral, não importa em que área ela ocorra, o cérebro mobiliza todas as suas energias para se reorganizar, restabelecer funções que foram comprometidas. É o mesmo que acontece na reforma de uma casa. Enquanto você troca encanamentos, pisos e azulejos da cozinha, a casa inteira não funciona direito, porque a água tem de ser interrompida, a louça e os utensílios domésticos se encontram espalhados pela sala e há poeira por toda parte.

O cérebro de cada um tem uma arquitetura particular, similar à impressão digital. Como mencionei, todos nascemos com 86 bilhões de neurônios e fomos programados para desbastá-los em um processo de troca e fortalecimento. Esse processo é único. Uma verdadeira obra de arte em constante transformação, assim como um caleidoscópio que não para de girar. Assim sendo, dá para imaginar as possibilidades que se nos apresentam, apesar das falhas que, em meu caso, o meu cérebro teve.

Em se tratando do meu processador central, entendo hoje que é normal o paciente ficar com os sentidos e as sensações sensíveis ao extremo, uma vez que o órgão está recalibrando as funções sensoriais. É normal que não seja capaz de focalizar a atenção, não consiga entender nem memorizar as coisas, pela simples razão de não haver energia disponível para isso. Ele passa a trabalhar no nível mais básico de sobrevivência, condição da qual o organismo não pode abrir mão para não entrar em colapso. O cérebro também trabalha com prioridades!

No segundo estágio da minha reabilitação não atinava que alguém tivesse de fazer compras para a minha comida ser preparada, ou que alguém precisasse lavar minhas roupas ou arrumar a casa, por exemplo. Fechada para balanço, eu tinha mais é que me manter quietinha, oferecendo ao meu organismo o tempo de que ele necessitava para se recompor. Mas, como eu não tinha a informação de que as coisas funcionavam daquele jeito mesmo e que o trabalho de recuperação envolvia esses ajustes todos, dia após dia, sentia-me cada vez mais em um beco sem saída.

CAPÍTULO 18
EU, UMA "CRIANÇA" PRECISANDO DE LIMITES

Dentro de mim havia um turbilhão de angústias; o que os familiares apreendiam de mim era a minha confusão, o meu negativismo, com ideias e comportamentos obsessivos. Ninguém sabia o que fazer; tornara-se muito difícil lidar comigo. Eu simplesmente esgotava todo mundo com tantas perguntas, atitudes repetitivas e, às vezes, agressivas. Passar umas poucas horas ao meu lado exigia árduos esforços da parte deles.

Para você ter uma ideia da canseira que eu dava, Anna Luiza lembra-se dos apuros que passou certa vez quando fui passar o fim de semana na sua casa. Em um determinado momento, levou-me até o banheiro.

— Vamos, Adriana – disse-me. – É hora de tomar banho. Vai querer ajuda para tirar a roupa?

Percebendo a minha relutância com aquele banho, Anna Luiza ajudou-me a tirar a roupa, como se eu fosse uma criança de 2 anos de idade, e ligou o chuveiro, empurrando-me com delicadeza para dentro do box. Encolhi-me em um canto, longe da ducha de água e, enrolando o dedo em uma mecha do cabelo, perguntei:

— Mas por que preciso tomar banho? Não estou com vontade. Não estou com calor, nem transpirei. Preciso mesmo tomar banho? Já tomei ontem. Ai, não aguento essa história de ter de fazer essas mesmas coisas todos os dias. Você toma banho todos os dias?

Eu tagarelava, tagarelava e nada! Não foi um acontecimento isolado: cada sessão chuveiro-banho assemelhava-se à de um garoto pré-adolescente mimado, que foge do banho feito gato.

– Ah, agora quer me secar, né? Queria que me molhasse e agora quer que fique seca. Por que não me deixa em paz? – respondi, teimando em continuar ensopando o chão do quarto.

Quando fez menção de me levantar e passar a toalha em minha cabeça, agarrei a peça, jogando-a longe, e dei um safanão em Anna.

Surpreendida pela minha inesperada agressividade, ela virou as costas e, sem saber o que fazer, decidiu ligar para Susana:

– Preciso de ajuda: a Adriana está largada aqui no chão do quarto, nem sequer tomou banho, mas está toda molhada. Não consigo fazê-la se enxugar, nem se vestir.

Minutos depois, Cris, minha prima, surgiu para ajudar. Ambas trocaram um olhar significativo entre si, como que dizendo: "Puxa, que 'trampo', hein?". Isso tudo eu racionalizo agora, muito tempo depois do incidente. Naturalmente, elas tiveram muita paciência e cuidaram de mim com amor. Fico me perguntando, entretanto, quantos pacientes pós-traumatizados de derrame não passam por maus apuros ao lado de parentes ou cuidadores menos zelosos ou conscientes?

Quando tento entrar em contato com essa experiência vivida, não me lembro de quase nada dos primeiros estágios, apenas da raiva e da indignação, emoções que me invadiam. Talvez fosse uma defesa por me sentir tão incapaz e frustrada. Não queria admitir aquela realidade.

Neste momento, ao escrever este livro, percebo a importância da conscientização de que a recuperação mobiliza uma enorme dose de boa vontade de todos os envolvidos. E é isso que prego sempre: diante da falta de discernimento, lucidez ou confusão por parte dos reabilitandos, seus cuidadores devem oferecer como resposta bom senso, paciência e extrema empatia; jamais irritabilidade ou violência. Sei que é quase mais fácil ir à Lua a pé.

Com muito custo, as duas conseguiram me vestir e resolveram me levar para casa, pois não havia condições de eu continuar na casa de

Anna. Para completar o circo, naquela noite eu cismei porque cismei que não queria dormir com Paulo.

— Ah, não. Hoje eu quero dormir sozinha. Por que tenho de dormir sempre ao lado dele? – E apontava para um incrédulo Paulo.

— Adriana, pelo motivo mais simples do mundo: ele é o seu marido. E marido e mulher dormem juntos, na mesma cama – esbravejou Anna.

Mais uma vez, os olhares dos três se entrecruzaram. Aquilo me soou como uma conspiração, pois invoquei:

— Não interessa. O fato é que hoje quero dormir sozinha. Não vou dormir no mesmo quarto que o Paulo. – E fiz pé firme.

— Então, Adriana, você vai ter de dormir em outra cama, porque do meu quarto não saio! – disse Paulo, sem dar mais atenção. Aquilo já devia estar mexendo com seus nervos.

Resultado: tiveram de me pôr para dormir em uma bicama em outro quarto da casa. E para encerrar o longo e extenuante dia, recusei-me a tomar meus remédios, alegando que ninguém me dava ouvidos.

— Estou cansada de tomar esses "torpedos". Não sei nem para que servem; não sinto efeito nenhum. Não vou tomar e pronto!

Anna e Cris tiveram de me agarrar à força para me fazer engolir os comprimidos:

— Agora você está indo longe demais, Adriana! Primeiro, essa história do banho, depois a palhaçada de não querer dormir no mesmo quarto com o Paulo e, agora, mais isso! Mas seu remédio, isso não vamos permitir: é essencial para sua recuperação! – E me enfiaram as cápsulas goela abaixo.

Elas estavam imbuídas da mais absoluta convicção do que era indispensável à minha integridade física. Dizem que uma mãe condescendente pode permitir tudo a um filho: desde não escovar os dentes, comer besteira, pintar o set. Mas, ao perceber que ele está no limiar de um ato que o levará a um risco de morte, abandona essa posição de complacência – pode ser, por exemplo, o caso em que a criança vai engolir caco de vidro ou se cortar com a faca; enfim, qualquer situação extrema.

Ali, ficou provado que minhas atitudes seriam permitidas até um determinado limite. Eu era uma adulta criança naquela fase.

    Naquele sábado, só dei trégua quando já passava de uma hora da manhã. E o que esperar do amanhã? Era preciso encontrar uma nova configuração emocional, além da estimulação à neuroplasticidade.

CAPÍTULO 19
SOU A PROTAGONISTA DA MINHA HISTÓRIA

Após a minha alta hospitalar, houve vários avanços, mas, principalmente, muita angústia e depressão diante do imponderável. Dentre vários episódios marcantes, me lembro de um especial, ocorrido cinco meses após a cirurgia.

Embora Paulo tenha feito tudo o que julgava que deveria fazer – ou, talvez, o que estava ao seu alcance – também deu muita mancada. Jamais me esquecerei de uma situação a que me expôs e representou para mim uma tremenda violência, uma agressão à minha integridade psíquica. Nós seríamos padrinhos de casamento de sua sobrinha, a Renata. Até aí, tudo bem. Eu não tinha como escapar, seria até indelicado. O convite já fora emitido havia mais de seis meses, muito antes de minha cirurgia. Entretanto, ele insistia para que fôssemos à festa de recepção também.

Olhei para ele, desalentada, tentando mostrar-lhe os meus motivos:

– Paulo, eu ainda não me sinto segura para encarar uma multidão por tanto tempo assim... Minha cabeça continua um fliperama – eu me queixava em meio à sensação de estar dentro de um caleidoscópio em alta rotação.

– Adriana, mas a festa vai ser ótima. E você vai aproveitar, se distrair. Vai poder dançar – e fez um gesto como quem "sacode o esqueleto", como se diz – e comer um monte de bem-casados!

Ele achou que estava me animando por antecipação. Tudo o que conseguiu arrancar de mim foi um olhar atordoado. O que me dizia não fazia o menor nexo para mim: "Dançar? Comer bem-casados? Se tudo o que eu mais desejava era ficar bem quietinha em meu canto!"

– Bom, sei que é importante pra você, Paulo... Então, podemos ir, mas com a condição de permanecer apenas meia hora na festa, está bem?

Só que os meus trinta minutos não foram respeitados. Antecipou que, se eu me sentisse indisposta ou cansada, poderia dormir no quarto da Renata. Seria tão mais simples se Paulo me levasse de volta para casa e me deixasse em meu casulo; ele que retornasse à festa, se quisesse. Mas não... Por fora, eu me apresentava bonita, superelegante, com o vestido que minha mãe me ajudou a escolher.

A artista aqui atuou super bem: do alto do meu salto alto – mas, detalhe: andar ceifante, titubeante – e de cabelo todo arrumado, sorria para todos, mesmo sem associar a metade dos nomes àqueles rostos. Cada vez que alguém se aproximava de mim e me elogiava – "Nossa, como você está ótima" –, obrigando-me a fazer um esforço tremendo para saber quem me dirigia a palavra, sentia que, no íntimo, tinha roubadas as minhas poucas energias. Sentia-me participando de um show, sendo eu uma das artistas principais, com tanta gente curiosa para saber como eu estava. Hoje, interpreto tudo isso como algo normal, pois faz parte da natureza humana o gosto peculiar para tragédia. Ademais, eram também visíveis o carinho e a torcida de todos.

Na festa, tudo parecia ampliado: os ruídos, as luzes, o movimento das pessoas. Havia muita informação para que eu conseguisse processar naquele instante. Ver duas coisas ao mesmo tempo já era demais para mim, eu tinha de focar em uma de cada vez.

Para você ter uma noção das sensações que me dominavam, basta fazer a seguinte analogia: imagine-se indo sozinho daqui até a China, sem um guia. Aquilo tudo se encontrava distante demais do que eu conseguia dar conta.

Horas antes, no cabeleireiro, todos me fizeram a maior festa, quando souberam do meu problema de saúde e recuperação. E, enquanto eu chorava, Jefferson, todo animado, fazia escova em meu cabelo:

– Nossa, vai ficar um arraso!

A verdade é que arrasada fiquei eu! Sentindo-me dentro de uma máquina de fliperama, daquelas repletas de sons, ruídos potencializados, luzes piscantes. Minha cabeça parecia explodir. Não sabia no que me concentrar, devido a tantos estímulos: secadores barulhentos, clientes falantes, manicures com a imagem distorcida... Eu só pensava em como sair dali, ir direto para a minha cama! Você se lembra do filme *O último guerreiro das estrelas*, no qual o protagonista entra no interior da máquina de fliperama e mostra a confusão, o excesso de informação, a rapidez e velocidade das situações? Era essa a minha percepção do momento.

Até o simples ato de pintar as unhas com a manicure foi uma experiência exaustiva; observe que basta apenas estender as mãos à profissional a sua frente. Entretanto, a sensação que tive era de que participava de uma luta de boxe.

De repente, segurei na mão da minha mãe, apertei-a e dei um salto da cadeira.

– Quero ir embora, não estou mais aguentando. – Metade do cabelo arrumado e a outra metade ainda com aquelas piranhas, comecei a ir ao encontro da porta de saída, arrancando aqueles apetrechos. Se pudesse, naquele momento, voltaria para o hospital.

Tudo o que eu não precisava e queria encontrar naquela hora era alguém conhecido. Eis que cruzo, na saída, justo com um antigo paquera meu, da época da adolescência. Isso é que é azar, hein?

O resultado de toda aquela agressão à minha condição neuropsicológica é que na manhã seguinte eu estava literalmente detonada, com os nervos à flor da pele. Não posso, entretanto, culpar Paulo.

Aquele episódio penoso aconteceu porque ninguém lhe esclareceu: "Olha, para a Adriana não é fácil. O cérebro dela ainda está em fase de recuperação, de reorganização. Todo esse processo, por si só, é muito desgastante".

O que recomendo, hoje em dia, a quem estiver passando por situações semelhantes? Não levem essa pessoa a festas!

Na época dessa festa de casamento, meu quadro era o seguinte: eu andava mergulhada em uma tremenda depressão. A cada dia que passava, em vez de sentir avanços, tudo de que me conscientizava dizia respeito às perdas sucessivas de minhas habilidades motoras e cognitivas. E isso me aterrorizava ainda mais. Eram tantas questões sem respostas, tanta frustração por me perceber limitada e sem saída, que o meu já atrapalhado cérebro destrambelhou de vez, entrando em estado de desequilíbrio químico.

Se pudesse, usaria um palavrão bem cabeludo para definir o estado psicológico em que me encontrava. Todavia, em respeito aos bons costumes, me contenho e digo apenas: cheguei ao fundo do poço. De repente, começava a chorar de maneira compulsiva, sem haver o que me acalmasse. As pessoas próximas, com medo de que eu pudesse me matar, não me deixavam sozinha de jeito nenhum. Elas escondiam as chaves de casa para eu não fugir, não me permitiam chegar perto das janelas e nem trancar a porta do banheiro para fazer xixi. É, a coisa estava feia. Eu me via entre o tênue limite de querer vislumbrar uma luz no fim do túnel e a sensação de estar à beira de um precipício sem fim.

Deixei de frequentar a terapia com a neuropsicóloga, que assim traçou meu estado em seu laudo final:

> Apesar de seus déficits, a crítica estava preservada, o que fazia com que Adriana percebesse com clareza suas dificuldades, sentindo-se frustrada e triste, sem recursos cognitivos suficientes para elaborar a situação que estava vivendo [...] levando-a a vivências de extrema angústia, impossibilitando-a de antever qualquer mudança.

A avaliação e o tratamento neuropsicológicos inicialmente planejados foram suspensos diante dessa conclusão. Dra. Anita, coordenadora da Neuropsicologia do HIAE, naquela época foi muito perspicaz e sensível em concluir que aquele caminho proposto não estava mais válido.

Conforme eu mencionei no início desta narrativa, sentia-me despedaçada, como um quebra-cabeça desmontado, com as peças espalhadas. Precisava me remontar peça por peça, embora não soubesse por onde começar. Eu não tinha a visão do meu todo, não dispunha do "molde completo", que geralmente acompanha um quebra-cabeça e nos orienta na sua montagem. Foi o que me aconteceu. A depressão me fazia sentir um náufrago debatendo-se em alto-mar. Mas sabe de uma coisa? Para quem chega ao fundo do poço, não há outra esperança senão a ação: do chão ninguém passa. Então, decidir que eu seria a protagonista da minha história fez toda a diferença.

O fato é que hoje posso dizer: restabeleci quase toda a sensibilidade e praticamente todo o controle dos movimentos do lado direito do meu corpo. Voltei a andar e a correr – aliás, corro melhor do que ando! Difícil decifrar os surpreendentes caminhos do cérebro e da vida. Recuperei as habilidades intelectuais e os conhecimentos, assim como grande parte de minhas memórias. É bem verdade que algumas lembranças não resgatei nem a fórceps, e outras sequer desejo recobrar. Mas, sim, voltei a ser quem era – e ainda, no meu entender, me tornei bem melhor. Afinal, ninguém que chega ao fundo do poço para emergir novamente sai ileso de uma situação-limite, não é mesmo?

CAPÍTULO 20
EFEITO BORBOLETA

    Mediante o quadro de incertezas daquele momento, não me restou alternativa senão me agarrar à fé para não afundar. Não me refiro à fé transcendental em algo superior, uma razão maior para estar passando por todas aquelas provações, por meio do que uma vez demonstrado o meu merecimento, eu me transmutaria em uma nova Adriana, renascida das cinzas. Não! Tratava-se da fé em coisas até pequenas, mas que, juntas, foram me ajudando a fazer meu lento caminho de volta à terra firme. Era a crença de que eu merecia ficar boa, levando-me a perseverar na meta da recuperação ao buscar atividades que me estimulassem, vivendo um dia por vez. Aí é que tem origem, de fato, minha reabilitação. É quando verdadeiramente começo a me reconstituir.

    Uma das coisas a que me agarrei para seguir adiante e não me prostrar foi à lembrança da cena que vivi no hospital, na sala de ressonância magnética, ao ser comunicada pela minha médica de que eu sofria um derrame. Embora a memória de fatos passados estivesse inacessível, às vezes, minha mente conseguia trazer de volta aquela cena e, junto, a sensação daquele momento: a convicção de que iria sobreviver. Então, eu pensava: *Se tive certeza de sobreviver, como realmente aconteceu, posso ter confiança de que mereço ficar boa, já que tive a chance de ter a minha vida de novo.*

    É bem verdade que eu não conseguia manter essa fé por muito tempo, de maneira constante. A depressão trazia ondas de desespero que me derrubavam. Entretanto, aconteceram alguns fatos que a lógica não explica, mas, para mim, sinalizavam serem verdadeiras minhas convicções.

Lembro-me de olhar pela janela certo dia e pensar: *Se eu for mesmo me recuperar, vou ver uma borboleta...* Esse é o tipo de pensamento mágico, que praticam – de forma voluntária ou involuntária – sobretudo as crianças, mas também pessoas de todas as idades. É o termo usado para descrever um raciocínio causal que procura correlações entre ações ou elocuções e determinados eventos. O pensamento mágico envolve a ideia de causalidade mental, ou seja, a capacidade de a mente ter um efeito direto sobre o mundo físico. Para mim, sem mais ao que me agarrar, a borboleta, naquela hora, exprimia o símbolo da libertação de tudo o que me aprisionava.

Olhei ao meu redor, e não é que, minutos depois, uma linda borboleta esvoaçou, passando bem em frente à janela, diante de meus olhos perplexos? Tive vontade de gritar de alegria, embora não houvesse ninguém com quem compartilhar aquela feliz sincronicidade que respondia aos meus anseios mais imediatos. Para alguns, isso parece bobagem, criancice, ingenuidade ou qualquer outra coisa sem fundamento. Para mim, significou muito. Quando você se encontra à deriva no mar e surge algo ao qual se agarrar, é natural aceitar.

Talvez tenha sido com essa intenção que minha mãe resolveu me levar a uma missa do Padre Marcelo Rossi. De alguma forma, ela intuía que poderia exercer um efeito benéfico sobre mim estar na presença do Padre Marcelo, célebre por sua atuação na divulgação da fé católica nos meios de comunicação social – considerado naquele momento o maior fenômeno artístico cristão da América Latina, com sua proposta de levar às pessoas a mensagem de Cristo e os ensinamentos da Igreja de uma maneira original, moderna, leve. Afinal, suas missas a céu aberto sempre atraíram milhares de fiéis do País inteiro.

Entretanto, eu estava em um dia terrível; fui chorando durante o caminho inteiro. Ao chegar ao Santuário da Mãe de Deus e ver toda aquela gente – gente velha e moça, rica e pobre e de outras religiões – notei algo em comum em todos: tinham no rosto a expressão de quem buscava alguma coisa. Havia pessoas de todos os lugares do Brasil, vindas em caravanas organizadas especialmente para assistir às suas missas. *Toda vida é uma busca*, refleti, *e essa busca é que dá sentido às coisas, por mais obscura que seja a circunstância que você esteja vivendo.* Pensar nisso me ajudou a decidir ficar e assistir à missa.

Havia uma conexão mágica no ar, que se espalhava e abraçava a todos de uma maneira quase palpável, fazendo com que muitos se emocionassem, derramando lágrimas. Quanto sofrimento, quanta angústia, quanta busca, quanta gratidão, quanta devoção se lia nos semblantes voltados para o altar, enquanto rezavam e assistiam à missa! Avaliando friamente de fora, para quem nunca passou por uma experiência dessas pode parecer exagero, mas havia uma comunhão entre os fiéis, de diferentes idades, regiões, culturas e classes sociais, que transcendia qualquer explicação. Somente estando lá e se sentindo interligado àquela energia para saber!

Após a missa coletiva, entrei em uma longa fila para receber a bênção do Padre Marcelo. A multidão era imensa, nem todos seriam abençoados; mesmo assim, decidi permanecer ali, espremida em meio a muita gente, antes e depois de mim. Então, para a minha surpresa, ele saiu de onde estava, caminhou até mim e pousou a mão sobre minha cabeça. Não quero entrar no mérito do que aconteceu, se foi por acaso ou não, isso não importa. A questão é: a atitude do Padre de me localizar em meio a tantos outros fiéis naquela fila a se perder de vista e de dar sua bênção foi como uma confirmação à minha expectativa de ficar boa. Aliás, aquele momento foi um marco em minha recuperação. O marco de uma nova fase. Passei a não sentir tanta autopiedade e a desenvolver um comportamento de esperança.

Nos meses seguintes, voltaria ali diversas vezes. Mais uma missão para meus santos cuidadores; toda semana eu vinha com meu pedido recorrente: "Me leva ao Padre Marcelo, me leva ao Padre Marcelo?". Alguns bem que tentavam se safar do convite, mas eu insistia tanto que eles cediam ao final. A partir de determinado ponto, toda a família passara a comparecer às missas dele: meu cunhado, meu sogro (com 80 anos na época), minha amiga judia, meu amigo budista... Em princípio, eles iam à missa por minha causa, mas sabe a que conclusão eu chego, em meu íntimo? Uma vez que estavam lá, acabavam curtindo a situação. Meu cunhado Roberto confidenciou-me não imaginar que aquela vivência seria tão rica. E meu sogro pontuou:

– Isto é que é comunhão.

E, de fato, senti tudo aquilo. Na verdade, o que eu precisava sentir: o sentido de comungar, de me religar, de exercitar a fé (etimologicamente, a palavra religião vem de "religar"). Havia entrado na fase de me reconstruir por meio da religação com a vida!

* * *

Outra coisa a que me agarrei foram as metas. Se havia algo que a lesão cerebral não fora capaz de mudar dizia respeito à minha mania de ter meta para tudo! Há pessoas que simplesmente vivem e se deixam levar pela vida. Quando indagadas "Você tem metas?", é usual responderem "Quero um melhor emprego; quero comprar uma casa própria". Mas as metas têm de ser quantificáveis. Não basta fantasiar, sonhar e devanear. Em meu caso, a minha primeira meta consciente pós-cirúrgica foi estabelecer que a medicação que eu tomava devia parar no estômago. Isso parece uma maluquice hoje – imagine se alguém fica pensando o tempo todo no remédio que está dentro da barriga. Mas, para mim, alcançar esse objetivo tão prosaico constituiu enorme desafio.

Os remédios que eu ingeria – entre eles, anticonvulsivantes – tinham muitos efeitos colaterais, reviravam o meu estômago, com frequência provocando-me vômitos. Era comer e pôr tudo para fora. Garantir que a medicação fosse absorvida pelo organismo era algo tão importante que, antes de dormir, eu procurava criar imagens mentais de como seria meu dia seguinte: iria comer novamente, tomar os remédios e, acima de tudo, não vomitaria. Realizar essa meta era vital para mim, pois aquela medicação me protegia contra convulsões.

Crise convulsiva é uma descarga elétrica cerebral desorganizada que se propaga para as regiões do cérebro levando a diversas alterações, à semelhança de um terremoto, que tem seu epicentro e suas propagações. Não é doença, é um sintoma. Garanto-lhe: não é nada agradável presenciar alguém sofrendo uma convulsão. Para quem não sabe, convulsão não se resume apenas a tremer, morder a língua ou ficar com o corpo rígido. Trata-se de uma reação do cérebro que pode ocorrer em qualquer pessoa, em resposta a descargas elétricas anormais. Essas descargas podem ser provocadas por diversos fatores, como: deficiência de oxigênio, traumatismo craniano, baixa do açúcar no sangue, abuso de drogas, interrupção do fluxo sanguíneo no cérebro causado por acidente vascular cerebral, doenças infecciosas, tumores, febre, ingestão alcoólica etc. Essas alterações podem refletir-se provocando desde contrações involuntárias da musculatura – movimentos desordenados ou outras reações anormais, como desvio dos olhos e tremores –, alterações do estado mental ou outros sintomas psíquicos. Há pessoas que apagam e até as que se masturbam de modo inconsciente.

A meta seguinte que estabeleci para mim foi caminhar no jardim. De um extremo a outro, a distância dava uns dez metros, e eu tinha que fazer a ida, a volta e um pouquinho mais do que isso a cada dia. Embora pareça a atividade mais banal do mundo, naquele momento da minha vida, se constituía em uma prova descomunal. Tudo ganhava proporções gigantescas; o espaço me parecia superdimensionado. Tal qual uma personagem daquele desenho da Disney, *Vida de inseto*, ou como naquele filme mais antigo, *Querida, encolhi as crianças*, eu me sentia a própria miniatura de gente rodeada de animais à minha volta, prontos a me esmagar. Talvez por meio dessa analogia você consiga compreender o que representava para eu avançar aqueles dez metros no jardim.

Ali também executava atividades para recuperar a sensibilidade do lado direito do corpo. Com os pés descalços, pisava na grama, no cimento, na areia, na água. Minha intenção era que o cérebro captasse informações sensoriais com o pé esquerdo, recriando novos caminhos neuronais para recuperar a sensibilidade do pé direito.

Outras metas se seguiram. Eu precisava ter bastante paciência e intenção com cada mínimo gesto que realizasse. Aliás, refleti novamente sobre esta palavra: *Paciência, pax ciência. Deve ser a ciência da paz!*. Passei, então, a compreender que a chave da recuperação consistia em fazer uma coisa por vez, viver um dia por vez. Quando você se sentir assim como eu, diante de um desafio que julgar excessivo para si, mire uma fase de cada vez. Atingida esta, mire a próxima, até cobrir a extensão do que se propõe a fazer.

* * *

Durante a fase de recuperação, não me lembrava do que havia aprendido: sabia apenas o que precisava fazer e me deixava levar por isso. Usava a intuição do hemisfério direito para recompor o conhecimento que a lógica do hemisfério esquerdo estava impedida de acessar. Seguia o que alguns chamam de "voz interior" ou "sexto sentido", o que não é uma pieguice, senão a mais pura verdade! Assim, eu simplesmente realizava as tarefas que sabia que tinha de cumprir. Elas iam dando certo e, aos poucos, recuperava as ações e a lembrança das coisas que sabia. É bem verdade que não me lembrei de todas; pelo menos, recordei as que me importavam mesmo.

Foi quando batizei meu cérebro de cachola: era cachola para lá, cachola para cá. Uma forma carinhosa de tratar aquele que, por vezes, se recusava a operar em seu limite máximo, ou rateava quando achava que tinha avançado demais – e, nesses momentos, eu queria mais me esgoelar!

* * *

Quer ver um exemplo prático de como a plasticidade neurológica e a plasticidade emocional funcionaram comigo? Assim foi com as minhas "caminhadas ecológicas". Quando senti mais segurança para andar, pedi a meu enfermeiro que me levasse para caminhar em uma praça bem arborizada, perto de casa. Além de poder treinar a coordenação dos movimentos e aumentar minha capacidade física, como sempre gostei de natureza, de me exercitar, o passeio me dava prazer. Conforme andava, ia perguntando a ele o nome científico de cada árvore que encontrava. Ele consultava um livro de botânica e me dizia o nome da árvore.

– *Caesalpinia ferrea* é o pau-ferro, aquela árvore que parece estar enferrujada na aparência de seu tronco.

Aprender esses nomes e tentar guardá-los era algo que fazia sentido para mim, me dava satisfação. Era também um estímulo para a criação de uma nova área de memória de trabalho – aquela em que guardamos informações temporariamente, como o número do telefone de alguém para quem temos de ligar naquele momento, sem precisar, entretanto, lembrar para o resto da vida.

Sílvio, o enfermeiro, repetia e repetia os nomes. Eu praticava as habilidades de reter, comparar e memorizar informações. Assim, no meu passinho de tartaruga, via um *Caesalpinia peltophoroides* aqui, uma *Tecoma serratifolia*, uma *Tabebuia vellosoi* ali. Após algumas caminhadas, comecei a me lembrar dos nomes populares das árvores, que me vinham à cabeça em um flash. De repente, eu parava de andar e exclamava, com a euforia de quem descobriu o Brasil:

– *Plumbago*! É aquele arbusto mimoso de florzinhas azuladas cujo nome popular é bela-emília.

– *Tabebuia vellosoi*! Umas das espécies de ipê.

Percebe como funciona a plasticidade no caso da memória? É contraproducente nos esforçarmos para tentar lembrar de algo que sabíamos, pois, ao fazer isso, tentamos usar as conexões que foram perdidas – e como elas já eram, não funciona. Porém, à medida que tentamos reaprender as atividades de um jeito novo, significativo, construímos novos caminhos neurológicos, que nos conectam àquelas informações. Logo, é necessário criar novas estradas e novos atalhos para o armazenamento das informações. Ressalte-se ainda que o que nos dá prazer nos ajuda a guardar as informações em uma gavetinha menos temporária: nossa memória de longo prazo. Não é uma maravilha? Quando aceitei não haver alternativa senão aprender tudo de novo, só que de uma maneira diferente, ao invés de tentar resgatar o irresgatável, minha recuperação deu um salto. Precisei ser plástica em minhas emoções para permitir que meu cérebro continuasse o seu trabalho.

CAPÍTULO 21
O CÉREBRO É PLÁSTICO

Hoje, mais de vinte anos transcorridos, constato a importância daquelas reuniões sobre o funcionamento do cérebro que eu organizava na casa de meus pais, enquanto absorvia como uma esponja o conhecimento de grandes especialistas em neurociências. Foi justamente aquele conjunto de informações que me deu as pistas dos tipos de atividades que estimulariam a criação de novos trajetos neuronais para minha recuperação, mesmo que conscientemente, naquele momento, eu não me lembrasse delas.

Consegui, nessa recuperação, refazer as conexões de minha percepção e memória espacial, totalmente comprometida após o AVC: eu ficara "Perdidinha da Silva", sem o menor senso de direção. Para ir à casa de minha mãe, precisava que alguém me levasse até lá. Durante o percurso, eu me treinava para reconhecer o caminho. Escolhia pontos de referência, mapeava o trajeto, até o momento em que fosse capaz de refazê-lo bem. Era como se minha compreensão não tivesse uma grande angular. Eu só reparava no que estava bem diante do meu primeiro campo visual. Assumi a dificuldade e me abri para um novo aprendizado.

Em uma fase posterior, quando outros caminhos aprendidos se interconectaram e o cérebro recuperou a amplitude da memória espacial, tornei-me capaz, entre outras coisas, de realizar rotas alternativas para ir à casa de minha mãe. Contando assim, até parece simples, mas, na realidade, isso levou meses.

Apesar de a estrutura do cérebro ser especificada por processos genéticos e pelo neurodesenvolvimento, observa-se que o padrão de interconexões entre neurônios depende muito da experiência. Em termos técnicos, isso é a base da neuroplasticidade, ou seja, a ideia de que o cérebro é adaptável: ele é capaz de mudar seu desempenho e mesmo suas estratégias como resultado de estímulos externos. Segundo Michael Merzenich, neurocientista pioneiro na área e professor emérito da Universidade da Califórnia (UCSF) em São Francisco, resultados de estudos desde 1990 (década do cérebro) vêm confirmando, cada vez mais, essa capacidade cerebral e a importância desses estímulos na criação, preservação e reconfiguração das sinapses e dos próprios neurônios.

Na reabilitação de minha parte motora, foi fundamental a ajuda que recebi de Ercy, minha "guru", educadora física e de almas, que aplicou em mim um trabalho fisioterapêutico inédito ou, no mínimo, peculiar. Formada em Educação Física, ela viveu vários anos na Europa e nos Estados Unidos, onde aprendeu e compilou conhecimentos sobre o funcionamento mente corpo. Ercy me posicionava deitada de costas no chão, me dizia:

— Adriana, tente forçar suavemente os membros de lados opostos, inferior e superior, encostando-os. Perna esquerda e braço direito. Perna direita e braço esquerdo. De modo suave e consciente. Quero que sua mente consciente os leve. Você precisa reconstituir a consciência dos movimentos, e não apenas movê-los automaticamente.

— Hã? Como assim? — Franzi a testa na primeira vez que ouvi aquilo, sem apreender a sua solicitação. Ainda mais porque os conceitos de esquerda e direita, para quem é canhota (mesmo que essa pessoa não tenha sofrido dano neurológico) já não é algo simples.

— Repita os meus movimentos. Veja como faço: primeiro eu levanto o braço direito com a perna esquerda, com movimentos que evoluem da pequena amplitude e vai aumentando conforme você conseguir. Está notando que não forço muito? Agora, estou forçando mais, percebe? — Sua proposta era que eu me conscientizasse de cada movimento. O cérebro e o corpo juntos, por meio da atenção plena.

Procurei imitar seus gestos. Quando consegui realizá-los de forma satisfatória, repeti o mesmo com o braço esquerdo e a perna direita. Esse tipo de exercício fazia com que eu me conscientizasse dos movimentos. Graças a ele, consegui praticamente igualar o ritmo das passadas da perna direita e da perna esquerda. Aprendi ainda que, se rebolasse, mas rebolasse para valer, arrastava menos a perna, pois o movimento com os quadris me ajudava a impulsionar a perna.

Até hoje tenho de pensar para movimentar a perna direita, embora manque bem menos do que antes. Aliás, quanto mais descansada eu estiver e quanto menos atividades eu estiver fazendo ao mesmo tempo, menos eu manco. Agora, não me peça para andar e mover um objeto com a mão direita: isso é como assoviar e chupar cana. São duas ações um tanto complexas para o meu cérebro coordenar.

Houve uma longa distância percorrida entre o reaprender a sentir, me reconhecer e me sentir bem dentro de mim mesma, ainda que com outros contornos. É isso que quero apontar para qualquer reabilitando: você também encontrará o seu caminho, a sua estratégia. Mas tem que se esforçar e perseverar. Para valer! E lembre-se: de Maquiavel a Albert Camus e de Albert Camus ao grupo Tribo da Periferia, "Sei que todo esforço gera recompensa!". O tempo passa, porém, a ideia de que todo esforço gera recompensa, continua.

* * *

E quando seria possível recuperar a habilidade de movimentos mais ousados, como dirigir um carro, andar de bicicleta? Se dependesse apenas de meus pais – superprotetores e temerosos pela minha integridade física –, tenho quase certeza de que seriam dois aprendizados que não resgataria nunca mais. Foi com a ajuda do enfermeiro contratado para ficar comigo que fui buscar de volta outro pedaço da minha autonomia.

Recordo-me de minhas dúvidas, que sinalizava para ele:

— Sílvio, será que ainda vou voltar a dirigir um dia? – perguntei, ao seu lado, no banco do carona.

Ele era mais do que um simples enfermeiro. Literalmente, fora promovido a enfermeiro-motorista-conselheiro-terapeuta.

Dirigindo o meu carro, conduzia-me às sessões de fisioterapia, às consultas no médico e até às missas do Padre Marcelo.

– É lógico que vai voltar a dirigir! – Sílvio exclamou certo dia, quando acreditou ser o momento adequado. – Aliás, quer tentar agora? Vamos trocar de posição: venha para cá, que eu me sento ao seu lado. Pode dar uma volta aqui no quarteirão...

Olhei incrédula para ele. Deveria estar louco para me fazer uma proposta daquelas.

– V-você está brincando, né? Imagina, nem tenho coragem... E você, como é que tem essa confiança em mim? E se eu enfiar o carro num poste?

Bom, esse foi o início da minha retomada automobilística. Quando menos dei por mim, eu me encontrava com o controle da direção e acelerando, como se nunca tivesse me esquecido de como era conduzir. O equivalente ocorreu em relação a andar de bicicleta. Minha mãe preferiu até sair de perto, comentando:

– Isso é muito para mim... – Certa de que eu iria me esborrachar no chão e me quebrar toda.

Enquanto isso, Sílvio seguiu firme e tranquilo ao meu lado, ofereceu-me o maior apoio moral, estimulando-me a readquirir autoconfiança. E lá ia meu cérebro reconectando seus interruptores.

Aliás, de acordo com o cérebro, quanto mais rápido pudermos reaprender, mais chances temos de ser efetivos.

A seguir, gostaria de compartilhar com você duas coisas que concluí dessa minha experiência e de estudos posteriores:

- Existe uma janela de oportunidade para que as conexões se refaçam após uma lesão cerebral. Se não forem utilizadas em tempo hábil, essas habilidades, de modo geral, são recuperadas em menor grau, podendo ocorrer a perda definitiva das respectivas funções. Portanto, quanto mais rápido pudermos reaprender mais chances temos de ser efetivos.

- É interessante que alguém, de preferência não pertencente à família, auxilie o recuperando em sua busca de independência. Recomenda-se que este seja estimulado a tomar certas liberdades, mesmo correndo alguns riscos (desde que não envolvam a sua segurança e a sua integridade física, é claro).

* * *

Outro episódio divertido envolvendo meu santo cuidador Sílvio foi quando eu o abordei com a seguinte demanda urgente, certa vez em que ele me deixou na sessão de fisioterapia:

— Sílvio, quero que você vá agora mesmo, enquanto eu estiver me tratando com a Ercy, até uma loja de tintas e compre um galão de tinta... Huum... Lilás! O que acha dessa cor para pintar a parede de meu quarto? Penso que vai ficar bem bacana, não acha?

Pedido feito, pedido atendido. Sílvio não poderia prever, entretanto, que eu não o estaria aguardando retornar da loja de tintas – onde demorara mais do que o previsto. Peguei uma carona na garupa da motocicleta do professor de dança das senhoras que faziam fisioterapia naquela clínica. Tratava-se de um negro bonitão com cabelo todo trançado e inúmeras tatuagens tribais pelo corpo sarado. Ao chegar à minha casa, após saber pela recepcionista da fisioterapia que eu voltara de carona de moto, o enfermeiro estava visivelmente – e com razão – alterado. Afinal, enquanto estávamos fora de casa e eu ao seu lado, Sílvio designava-se responsável pela minha "guarda". Constatar que a sua protegida, uma jovem senhora casada, recém-operada da cabeça, passeava de moto com um desconhecido não deve ter sido uma situação nada confortável para ele.

Ainda com relação ao evento da compra da tinta, quero destacar o significado dessa urgência pela qual eu demonstrava a minha ansiedade em pintar, modificar o meu quarto.

Por isso gostaria de apontar, também, como terceiro e último item de minhas experiências necessárias para me reconectar e ganhar autoconfiança:

- Quando o paciente apresenta um problema, não há nada melhor do que repaginar o seu entorno. Não são necessárias mudanças onerosas, mas pequenas atitudes que ajudem a mudar suas referências visuais, reforçando uma mudança interna, tais como: pintar as paredes do quarto, trocar o estofado dos sofás ou cadeiras, mudar os móveis de lugar ou ainda simplesmente colocar um vaso de flores ou um quadro novo perto da sua vista.

Mudar o entorno, buscar novos desafios, possibilita criar um novo quadro de nossa realidade. E colori-la com novas possibilidades.

A pintura, aliás, foi outra atividade decisiva para minha recuperação. Trouxe cor e textura para minha plasticidade emocional. Depois que eu deixara a terapia neuropsicológica, minha mãe e Susana viviam arrumando atividades para me ocupar. A cada dia vinham com uma novidade. Inventaram de eu produzir sabonete. Detestei. Depois, me arrumaram um violão; todavia, eu mal conseguia segurar o instrumento, quanto mais produzir algum som harmonioso. Culinária também não deu certo. Mas elas não desistiam.

Certo dia, minha irmã apareceu com um cavalete de pintura, tela, pincéis e tintas. Tratava-se de um material que ficava encostado em um canto de sua casa e ela decidiu levar para eu experimentar. A princípio, duvidei de que pudesse extrair algo daquilo, pois não conseguia traçar nem mesmo um triângulo.

— Susana, não entendo o que você pretende que eu faça com este pincel – eu disse, nervosa.

— Calma, Adriana. Ninguém vai te obrigar a nada. São só experimentações, ok? Se não quiser fazer nada, tudo bem. Ninguém vai sair perdendo com isso.

Suas palavras me acalmaram. Eu me precipitara ao achar que haveria algum tipo de julgamento caso não "desse conta do recado". Então, ocorreu-me que eu poderia usar a pintura para expressar alguma coisa, qualquer coisa. Com mais boa vontade, segurei o pincel e, quando menos percebi, eu estava "dentro do quadro", completamente envolvida, arrebatada. Parei de forçar meu hemisfério esquerdo, com os "porquês, como e para quê" e – hoje, sou capaz de analisar dessa maneira – soltei-me em meu hemisfério direito.

Sem objetivo, sem técnica, sem modelo, entrei em contato com sentimentos, percepções e imagens das minhas vivências. Pintei uma explosão com traços que saíam de um ponto e se espalhavam por todas as direções. E não é que gostei daquilo? Todo dia pintava um pouquinho, porque logo me cansava e não podia continuar. Durante semanas explorei a temática explosão: o Sol explodia, as cores explodiam, tudo voava pelos ares em minhas telas. Aquilo funcionou como uma espécie de catarse em relação ao processo pelo qual havia passado, já que algo "explodira" dentro de minha cabeça. Dessa maneira, conscientizava-me do que havia acontecido após o AVC, aos poucos colocava alguma ordem em minha desorganização mental e estimulava minha plasticidade emocional.

O que posso relatar dessa experiência? Pintar me fez muito bem. Aos poucos, fiquei mais centrada e organizada. E mais: isso foi me apontando um novo caminho de atividade, já que eu me encontrava fora do meu trabalho anterior.

A capacidade que todos temos de criar e recriar sentidos, ideias e realidades por meio da plasticidade emocional franqueou-me nova perspectiva, novo "quadro" à minha vida.

Ao perceber minha melhora e o crescente interesse pela arte, um parente me apresentou ao artista plástico José Roberto Aguilar, com quem troquei algumas ideias. Aguilar, então, falou-me de outro artista, Antonio Peticov, que costumava receber pessoas em seu ateliê:

– Adriana, acho que se você for ao estúdio do Peticov, terá espaço para desenvolver a sua pintura. A sua experiência neurológica e esta pintura que está me apresentando podem culminar em talento.

Que máximo! Que surpresa boa! Era o início da minha valorização por ter passado por uma experiência tão limitante, traumática. Um novo atalho promissor, estimulante, uma nova e plástica trajetória.

Animada, encontrei-me com Peticov, que se mostrou bastante interessado em minha história e se dispôs a me ajudar. Passei a ir ao seu ateliê em várias tardes, onde aprofundei minhas práticas artísticas. Eu misturava o azul e o vermelho, obtinha o roxo. Um pingo virava um traço, um traço virava um peixe. A plasticidade da pintura ajudou-me a entender a plasticidade do cérebro, na qual tudo pode se transformar, se reconfigurar.

O cérebro, assim como a tela de pintura, é cheio de possibilidades. Abria-se um novo horizonte à minha frente, repleto de cores e formas.

CAPÍTULO 22
PRAZER E INTUIÇÃO

    Ao pisar pela primeira vez na clínica após a minha alta, eu me via como uma das minhas pequenas pacientes, tamanha era minha fragilidade e insegurança. Levava nas mãos flores para a equipe CAD. Andando com passos miúdos, vacilantes, fui em direção à sala que me indicaram como sendo minha. Arregalei os olhos, enquanto pensava, mas não de maneira totalmente coordenada (avalio hoje melhor o que deve ter passado pela minha cabeça): *Puxa, então esta sala ampla, com varanda e tudo, é minha? Eu trabalhava aqui?*

    Eis que algo, logo atrás da minha mesa, chamou-me a atenção.

    Fiquei olhando, boquiaberta, para o pôster colorido de um cérebro pendurado na parede. E de qual parte? Do corte sagital do cérebro, com um especial holofote iluminando o tálamo! Um pôster com o título *Brain with blood vessels* (cérebro com veias). Quem não acredita em eventos ou sinais do destino pode desdenhar, dizer que aquela figura em destaque não passava de mera coincidência, mas quem quer busca sentido em tudo. É, no mínimo, curioso que o único pôster a enfeitar o meu consultório fosse justamente o da região do meu derrame, não?

    Aquela foi a minha primeira experiência de retorno ao ambiente de trabalho, minhas primeiras impressões. Totalmente apoiada em meu hemisfério direito, meus registros do momento eram o afeto, as cores e as impressões.

– Adriana, que saudades! Quando você volta? Seus pacientes continuam te procurando! – comentou minha secretária.

– Adriana, quer ver as mudanças feitas nos fundos da clínica? Acho que você vai gostar!

Além de minhas duas sócias, havia mais sete profissionais que ali trabalhavam, e essas falas reproduzem o carinho com que fui recebida.

Entretanto, foi algo cansativo, pois as lembranças vinham, aos poucos, em flashes, conforme uma imagem, uma palavra ou uma situação era evocada. Além de me sentir muito sensível, constatava de maneira confusa os vários buracos na mente e as muitas interrogações. Agora já me sentia de escafandro debaixo da água, e não apenas submersa sem proteção.

Imagine você a transformação enorme que se processava em mim. Eu, que sempre fui tão altiva, segura e cheia de opinião – e que despontara cedo profissionalmente – via-me frágil e com os nervos à flor da pele. Era como se novos sentidos estivessem aflorando em mim.

Voltei outras vezes à clínica, entretanto, já havia alguns "paredões" entre mim e o CAD sem mim. Eu não acompanhava mais as finanças, não conseguia ler direito; ainda me cansava com facilidade. Esse sentimento de impotência e bloqueio me levou a uma posição:

– Decidi, pai. Decidi, Paulo. É o que vou fazer mesmo – anunciei, após refletir e concluir. – Vou sair da clínica e doar minha parte. Não tenho ânimo, tampouco confiança para continuar.

– Mas, filha, pense bem... Sua decisão é irreversível mesmo? Afinal de contas, é o seu sonho, o seu projeto de vida materializado naquela clínica. Você o esboçou com tanto empenho – meu pai tentava ponderar, colocar tudo na balança.

– Você está pensando de maneira emocional. Deixa a poeira abaixar, o tempo trabalhar – sugeria Paulo.

A orientação de meu neurologista era voltar o mais rápido possível para minhas atividades anteriores à cirurgia. Mas, após tomada aquela decisão, eu teria de procurar uma outra forma ou um novo caminho de retorno ao meu trabalho. Que desafio descomunal! Sentia-me como

Hércules, desafiado em seus doze trabalhos, com a diferença de que eu não me sentia nem um pouco hercúlea. Estava mais para "Adriana no País dos Espelhos", fazendo analogia a um dos livros de Lewis Carroll, autor de *Alice no País das Maravilhas*. Tal como Alice, habitante do País dos Espelhos, via-me só em um labirinto.

Como voltaria a atender crianças e adolescentes com dificuldades cognitivas, se eu mesma me debatia com dificuldades maiores do que poderia dar conta?

Era, então, hora de mudar de rumo, de criar mais um atalho, criar novas pontes na plástica configuração do cérebro e da vida. Se não era mais capaz de exercer minha profissão de outrora, criaria outra, pois ficar parada não ajuda em uma reabilitação e tampouco na vida. Naquele momento mergulhei de corpo e alma na pintura e nas artes visuais. Algo inédito e jamais pensado por mim.

Três atitudes foram vitais para a minha recuperação. Exercitar a resiliência diante de não poder algumas coisas, por hora. Exercitar a flexibilidade mental ao buscar sair da rigidez do "não posso" ou "não consigo", passando ao "posso e consigo". E, ainda, encontrar motivação para conhecer outros grupos sociais e outras formas de conhecimento. Essas posturas marcaram mais uma etapa da minha plasticidade emocional.

* * *

Os avanços e as revelações foram acontecendo simultaneamente com outras atividades que realizei ao longo do primeiro ano de reabilitação. Minha fala evoluiu muito bem com as aulas de canto. O ato de cantar envolve uma área do cérebro diferente da área envolvida na fala. Se a área da fala (área de Broca, hemisfério esquerdo) é danificada em um derrame, os pacientes poderiam aprender a usar a área do canto (hemisfério direito) em seu lugar.

Um estudo de pesquisadores norte-americanos, divulgado em reunião anual da Associação Americana para o Avanço da Ciência, em

San Diego, na Califórnia, em 2010, comprova tal relação. Eu já aprendera isso nos livros – sete anos antes do meu AVC, em minha prática profissional –, uma vez que pesquisas sobre o tema vinham sendo desenvolvidas desde 1977. Ensinar pacientes vítimas de derrame cerebral a cantar pode reconectar seus cérebros e ajudá-los a recuperar a fala, segundo afirmam os pesquisadores. O cantor Herbert Viana, que sofreu um acidente de ultraleve no ano de 2001 e, como sequela, ficou paraplégico, além de ter perdido massa encefálica, é uma prova viva dessa plasticidade da linguagem!

Intuitivamente, eu ia refazendo os meus caminhos por meio de iniciativas – algumas minhas, outras de minha família, outras dos especialistas. Foram tantas...

Paulo arranjou um filhote de labrador. A fim de que eu me distraísse e, ao mesmo tempo, tomasse contato com uma rotina, chegou aquela fofura de animalzinho. Nunca pensei que um cão poderia ser um terapeuta tão eficiente. Combinamos que Paulo seria o responsável por alimentar Zorro à noite e eu, na parte da manhã.

Às vezes, eu tinha certa preguiça de fazer minha parte. Como naquela manhã em que meu pai veio para ficar comigo e me flagrou ainda na cama. Ele disse, com voz de comando:

– Você quis um cachorro, agora terá que cuidar dele. É hora da ração. Levante, vamos!

– Ah, me deixa ficar aqui na cama. Dá você mesmo a ração para o Zorro. Eu pulo a minha vez.

– Nem pensar. Trato é trato: Zorro está aguardando pela sua dona. Sem pular a sua vez! Vamos, sua preguiçosa! – Meu pai não dava moleza, o que foi muito bom. Eu também precisava de limites.

Depois, ou até simultaneamente, vieram as experimentações com aromaterapia na banheira. Minha mãe me oferecia ervas, óleos e outras coisas cheirosas para colocar na água, o que era muito gostoso. Alecrim é um excelente fortificante mental e físico; alfazema, um verdadeiro tranquilizante energético; folhas de laranjeira e gengibre, estimulantes eficientes.

Sem que eu soubesse dessa ligação, uma amiga lera em algum lugar que a aromaterapia é uma das técnicas mais antigas da história de práticas de cura. Os óleos essenciais extraídos de plantas exercem uma influência sutil na mente e no corpo, e a cura pode ser feita de maneira gentil e natural. O emprego de óleos essenciais na água do banho é muito interessante, uma vez que a combinação desses dois elementos potencializa o efeito terapêutico que o banho de imersão já possibilita.

Em minha inocência, eu julgava estar apenas relaxando e aprendendo nomes de ervas, sem saber dos aspectos terapêuticos envolvidos. Aqueles aromas todos me remetiam a outros do passado, como o cheiro de um jardim florido em um dia quente de verão após a chuva, ou o aroma característico de uma laranja ao ser descascada. Odores esses exalados por algumas das fragrâncias dos óleos essenciais das plantas, substâncias contidas em várias partes, incluindo flores, folhas, raízes, madeira, sementes, frutos e cascas.

No meu caso, o propósito com certeza era o de que houvesse uma atuação no aspecto psicológico, ao promover relaxamento e liberar minhas emoções. Sem saber, minha mãe estava me ajudando em minha plasticidade emocional ao me facilitar experiências sensoriais e afetivas diferentes.

Além disso, do ponto de vista neurológico, pelo tálamo passam as informações de quase todos os sentidos, com exceção do olfato. Logo, esse sentido, em mim, estava supersensível (até *over*), pois não sofrera alteração.

Entretanto, algo que não me agradava na hora do banho era eu não poder trancar a porta do banheiro. Havia sempre uma sentinela do lado de fora, na certa com a orelha grudada na porta, atenta a qualquer ruído indicando que eu precisasse de ajuda.

– Dri, está tudo bem aí? Seu banho está demorado... Precisa de algo? – Alguém sempre dava uma batidinha discreta na porta do banheiro, sinalizando que me monitoravam.

– Nãããão... – eu respondia, tentando não me irritar. – Estou tentando re-la-xar. Aliás, até agora estava.

Então, o meu relaxamento nas águas da banheira, mesmo com a deliciosa aromaterapia, era parcial. Essa falta de privacidade manteve-se apenas até eu melhorar um pouco mais da depressão e da rigidez motora. Depois, virou uma festa: em meus momentos lúdicos me imaginava a própria Cleópatra nas banheiras de mármore, cheia de majestade. Brincadeira.

Mas do que me adiantava retomar energias se a leitura, fonte de trabalho e prazer da personalidade, era inatingível? Percebia-me não entendendo mais os sinais da grafia. Aquilo foi um soco na alma.

Para que eu recobrasse a habilidade de ler e escrever, minha mãe fazia palavras cruzadas comigo. Guardo cara recordação das horas que passamos juntas nessa atividade. Que mulher mais rica de estratégias e paciência! Começamos com o livrinho mais simples que havia, para crianças recém-alfabetizadas. Eu me sentia a própria criança, às vezes sentada até no colo de minha mãe. Ia respondendo às suas perguntas, vendo-a preencher os quadradinhos com letras.

— Vamos lá, Adriana. Número 4: mulher do boi...

— Vaca?

— Isso mesmo. Agora, é um pouco mais difícil, hein? Preste atenção: o que o rato gosta de comer?

— Não sei, não me lembro...

— Faça um esforço, filha. Você comeu no seu café da manhã, com seu pão. Começa com "quei" e tem mais uma sílaba: "que... e ..."

— Ah... Queijo?

— Isso mesmo! – elogiava, feliz, a cada acerto meu.

De certa maneira, minha mãe acabou fazendo uma regressão comigo. Sabe quando uma mãe, ao lidar com seu bebê, até infantiliza a voz? Pois bem, veja o nosso desafio... Hoje me soa ridículo ou abobado. Só achando graça, né?

Toda vez que eu demonstrava cansaço – algo bastante recorrente –, ela me dizia:

— Não tem problema, Dri. Vamos descansar ou fazer outra coisa.

Posso dizer que minha mãe, definitivamente, foi uma eficaz "terapeuta" e polivalente incentivadora. Aliás, ela teve uma dupla tarefa de maternidade: ao me dar à luz em 1967 e ao me ajudar a renascer em 2000. Não é à toa que, hoje em dia, comemoro dois aniversários!

Não canso de repetir que foi um longo e árduo caminho percorrido durante a minha reabilitação. Talvez poucas estratégias funcionem tão bem, em termos de programa de reabilitação, do que contar com pessoas com as quais o paciente confie e que o conheçam a fundo. Gostaria que todos os que sofressem de acidentes cerebrais pudessem dispor de pessoas assim. Meu pai e meu marido, cada qual à sua maneira, também foram de extrema valia para meus progressos.

* * *

Cerca de cinco meses depois do derrame, eu já conseguia ler frases, embora não passasse disso, porque era bastante cansativo – ainda apresentava dificuldade em reter informação e a visão permanecia refratada. Minha vista parecia estar em dois planos: precisava tampar um lado com a mão para enxergar com um olho só. Além disso, meu olhar continuava estranho, com a pupila dilatada o tempo todo. Um dos exercícios realizados por mim consistia em ler duas manchetes do jornal do dia e, em seguida, tentar me lembrar de pelo menos uma.

Nesse ritmo, só três anos após a cirurgia é que eu voltaria a encarar um livro inteiro. Foi penoso e lento meu retorno ao universo das ideias e das palavras, desde aquela tarde em que me deparei com uma revista semanal repleta de hieróglifos ininteligíveis para mim, o que arrancou lágrimas de minha mãe. Tratava-se de uma tremenda ironia para uma pessoa como eu, ávida devoradora de livros, que vivia cercada de vários, simultaneamente. Ainda bem que não tinha consciência disso, e naquele momento em que processava o meu reingresso lento e gradual ao universo das letras, isso não implicava algo relevante para mim. Imagine a seguinte situação: para quem passou por um abalo sísmico e ficou sem a mansão em que morava, até uma choupana lhe serve para se abrigar. Na minha circunstância, em especial, sem ter referências passadas e sem poder fazer comparações, não havia sentimentos de perda, apenas o forte desejo de sobrevivência, a vontade de me reerguer e o medo.

Quando já me acostumava com o meu pequeno universo, minha mãe teve uma superideia: deu-me uma máquina fotográfica para eu registrar o que via e estudar as imagens. Comecei a tirar fotos dos lugares que visitava. Fotos essas que, depois, eu revia, analisava e me faziam lembrar como era o lugar onde havia estado e as coisas que havia feito. Fotografava os objetos de maneira macro, ao focar uma folha, por exemplo. Aos poucos, expandia o meu olhar (e o foco da câmera) para a copa da árvore, passando à árvore toda e, então, à árvore incluindo o lago. Depois, a árvore, o lago, as pessoas, e assim por diante, de maneira teleobjetiva. Esse exercício de enxergar e registrar do micro ao macrocosmo foi bastante significativo, pois me ajudou muito a expandir a consciência e recuperar minhas habilidades cognitivas, principalmente aquelas ligadas ao campo visual.

Naquele momento, eu estava vivenciando de maneira plena a quarta etapa de minha reabilitação, ou seja, tentando achar saídas para a situação em que me encontrava. Isso implicava procurar novos caminhos neurocognitivos.

Chegou, assim, o momento em que passei a desejar satisfação maior do que a de apenas voltar a andar de maneira normal, dançar ou ler. Queria sentir-me útil e dar um significado maior à minha vida. Fui então com a minha mãe à entidade assistencial chamada Recanto Santa Mônica, que pertence à Associação Santo Agostinho (ASA), instituição na qual, tempos antes, ela tinha atuado como voluntária. A primeira impressão provocada pelo lugar, que acolhia crianças cujos pais não podiam cuidar delas, foi a de que o visual era triste, sem cores, com muito concreto e nenhum verde. Eu não me conformava que seres tão bons, generosos e especiais como os que havia naquele lugar vivessem em uma casa tão cinza. Encontrava-me em um momento filosófico, assim, pensei: *O exterior tem de refletir o interior, certo?*

Propus à direção da entidade executar uma reforma no visual com recursos de minha família e de amigos. Claro que eles toparam. Na visita seguinte, já apareci com mudas de plantas e ferramentas de jardim. Foi bastante prazeroso. Ao longo dos meses seguintes, fizemos vasos de garrafas PET e canteiros, pintamos flores nas paredes. No chão, surgiram jogos da velha e amarelinha para a criançada brincar.

Aquele período me marcou de maneira agradável, porque me mantinha ocupada, além de constatar que podia ser útil, fazendo diferença na vida de alguém. Para quem sofre um derrame, ou para quem passa por um problema grave – como dependência química, morte de um parente próximo, separação etc. –, isso é tão importante!

– Tia Dri, você deixou o nosso canto muito mais bonito e colorido desde que chegou, sabia? – Recordo-me dessa declaração de uma das meninas internadas, que não devia ter 8 anos de idade.

Fiquei muda. Eis que Pedro, outro garoto, não muito mais velho do que Carina, a garotinha que acabara de me falar isso, trouxe lágrimas aos meus olhos ao acrescentar:

– Você trouxe o Sol pro Recanto, quando veio aqui pela primeira vez!

Percebi que a generosidade é um dos caminhos possíveis para uma reabilitação, podendo ser processada, sim – por que não? –, como objetivo terapêutico, ao nos colocar em contato com pessoas com dramas muitas vezes maiores do que os nossos, ou com outros tipos de dificuldades. Isso ocorre não apenas porque resgatamos o sentimento de que temos valor e somos úteis, mas também porque esse convívio com os menos favorecidos leva-nos a redimensionar os nossos problemas, perceber outros pontos de vista e enxergar nossa realidade em perspectiva, e não com uma lupa.

Como você deve ter notado, as rotas e as possibilidades alternativas do cérebro e das emoções são infinitas, desde que o reabilitando tenha interesse pela vida. É por isso que costumo dizer que somos, pelo menos, 51% de nossas realizações. Não nos esqueçamos de que somos nós os protagonistas. Mesmo em meus momentos de depressão mais profundos, EU queria sair do fundo do poço. Eu não me reconhecia naquela Adriana lesada e dependente de maneira alguma.

E eu daria cada vez mais provas de uma plasticidade emocional que me empurraria sempre adiante: algumas vezes quase engatinhando; outras, dando passos tímidos e outras ainda, para minha surpresa, dando saltos.

CAPÍTULO 23
ENTRE PALHAÇOS E PIERCINGS

Um ano e meio após o derrame, meu estado clínico apresentava melhoras significativas: a depressão estava sob controle, não dependia tanto dos outros, havia recuperado parte de minhas memórias e habilidades cognitivas.

Eu evoluía gradativamente a cada dia, embora em uma recuperação desse tipo ser comum ter algumas recaídas. Assim foi. Da primeira vez que Paulo e eu realizamos uma viagem mais longa, para os Lençóis Maranhenses (Maranhão), sem mais nem menos, retrocedi alguns degraus. Na véspera, depois de quatro horas em uma voadeira, chegamos a uma vila de nome Caburé. Lindo lugar: de um lado, mar aberto; de outro, o braço de um rio. E no coração dessa região, os Lençóis.

– Vamos até o topo do morro amanhã? Dizem que tem uma capela com uma vista linda! – propôs-me Paulo, todo animado.

– Posso tentar...

No dia seguinte, nós, acompanhados por um casal que conhecemos na viagem, chegamos ao pé do morro. Mas eu preferi não subir, pois representaria um esforço muito grande para mim, podendo atrapalhar a caminhada do pessoal.

Eu estava aguardando o retorno deles. Foi eu vê-los apontando a distância, senti tudo escurecer; simplesmente desmoronei. Algo desplugou e desliguei, desfalecida, com o rosto na lama. Fiquei uns minutos desacordada, vítima de uma convulsão. Quando abri os olhos, já não sabia mais onde me encontrava, nem quem eram as pessoas ao meu entorno.

Eram três passos para frente, e depois dois passos para trás!

Pronto! Havia recuado na trajetória de minha recuperação.

Paulo ligou para o meu médico, que prescreveu outra droga anticonvulsivante. Tentou nos acalmar, alegando que o remédio me protegeria de uma nova crise convulsiva.

Passado o susto, acalmados pelo médico, resolvemos permanecer nos Lençóis e aproveitar a viagem, quando a maioria das pessoas talvez pensasse em voltar imediatamente para casa.

Hoje, constato que o processo de reabilitação é assim mesmo: você avança um passo; de repente, algo acontece e você retrocede dois. Mas é dessa maneira que vamos sendo colocados à prova, nos fortalecendo.

Nos meses que se passaram, procurei cuidar de mim e continuei fazendo coisas que me davam prazer e aquelas que eram prioritariamente necessárias. Realizei um curso de botânica que me propiciou as sensações táteis de mexer na terra, sentir o seu cheiro, observar o ritmo e a sabedoria da natureza, sentir sua força.

Matriculei-me também em um curso de palhaço para aprender a rir de mim mesma, do jeito que passei a andar, dos meus lapsos de memória e tudo o mais. Nunca imaginei que a frase "rir é um santo remédio" tivesse tanto fundamento!

E aí vai uma das falas do palhaço:

— Pessoal, e se eu disser que aprender a rir significa também aprender a curar-se de maneira alegre e divertida, de todas as limitações: da falta de confiança, dos medos, das inseguranças, do estresse, da ansiedade, da tristeza, da baixa autoestima e dos estados depressivos?

Fez-se um silêncio profundo no grupo.

— Ei, ei, não quero que pensem que vieram ao curso errado! – disse o palhaço Celso, batendo palmas com força para arrancar todo mundo daquela pasmaceira. – E então, pessoal? Preparados para rir de si mesmos e provocar a risada dos outros?

Aos poucos, todos relaxaram durante a demonstração prática das aulas, que fugia do discurso filosófico do início. E, literalmente, caímos na graça.

Resumindo as questões mais importantes que absorvi: o riso tem poder! É um grande estimulador, suficiente para mandar uma ordem para o seu cérebro no nível do hipotálamo e sintetizar as endorfinas, que são substâncias analgésicas similares às morfinas. São chamadas até de hormônios da felicidade. Quem canta e ri seus males espanta!

O que vim a descobrir depois e faço questão de compartilhar com você, leitor? Não leia com descrença ou desconfiança, mas, antes, reflita sobre a importância de um remédio tão simples e tão ao seu alcance para obter mais saúde. Rir faz com que você tenha uma proteção vascular contra anginas, infartos, derrames e doenças vasculares. Não só em nível cardíaco como em nível cerebral. Porque o riso permite um relaxamento que ajuda a normalizar a respiração. Se tivéssemos o hábito de rir várias vezes ao dia, estaríamos amenizando a descarga de adrenalina no organismo e permitindo uma descarga de endorfinas. Sem considerar que os demais ao nosso redor ainda nos seriam gratos. Fala sério: existe algo melhor do que conviver com pessoas alegres e alto astral?!

Poxa, refleti, *eu devia mesmo estar carregando o mundo nas costas para permitir o desencadeamento de um derrame tão cedo na minha vida.*

Pessoas mal-humoradas, impacientes, irritadas, contrariadas, rígidas (inclusive consigo mesmas) e autoritárias vivem em um processo de tensão muito maior. Essa tensão propicia descargas maiores de adrenalina e, como consequência, uma predisposição maior para acidentes vasculares, como os infartos e as anginas – e até os derrames. Felizmente, essas informações sobre neurociências encontram-se cada vez mais acessíveis nos meios de comunicação.

Não é que, sem querer, por uma dessas intuições que nos acontecem quando permitimos a nós mesmos nos abrir para o novo, eu estava recorrendo a uma "terapia" que me auxiliaria no processo de cura do meu cérebro?

Continuei pintando no ateliê de Antonio Peticov, dando novas formas e sentidos a tudo que via, em uma verdadeira alquimia da arte. A pintura me levou ao universo do não exato, do simbólico, do atemporal, uma viagem – em resumo, um retorno repaginado ao mundo do hemisfério direito. Em dado momento, comecei a pintar com as duas mãos e estimular os dois hemisférios. Depois, pintava também com os pés, com o corpo inteiro.

A pintura revelou-me um universo de novos recursos e possibilidades. Senti-me como se percorresse um novo atalho, ao me desviar da previsível rota traçada anteriormente por mim mesma, uma vez que essa se encontrava obstruída. Conheci pessoas bem diferentes daquelas com quem estava acostumada a conviver: eram artistas, músicos, atores e intelectuais. Imagine só, participei de concursos de pintura, fiz exposições de minhas obras e até vendi quadros em uma praça! Já que todo mundo estava me achando meio "lesa", aproveitei para me divertir, fazendo coisas completamente anticonvencionais.

Já saía do estado que o médico chamava de depressão patológica quando passaram a me ocorrer flashes de euforia, com uma vontade incontrolável de felicidade. Meu hemisfério direito andava turbinado. Acordava pela manhã e mudava algo na decoração de minha casa: trocava quadros e sofá de lugar, espalhava várias flores nas salas. Até que um lampejo me percorreu a mente e manifestei em voz alta ao meu marido:

– Paulo, me leva à Galeria Ouro Fino, na rua Augusta?

– Sim, mas o que vamos fazer lá em pleno sábado? – Ele estranhou, pois sabia que ali era o *point* de gente descolada, vanguardista, perfil bem diverso ao meu até então.

– Quero colocar um piercing.

Embora ele tenha achado graça, creio que duvidou da minha intenção.

Ao pisar no segundo andar da Galeria, dirigi-me a uma loja onde havia tatuadores, bem como apetrechos para piercing, tattoo e outros.

– Eu quero este aqui. – Apontei, resoluta, para o piercing pequeno de brilhante. – Vou pôr no nariz.

– Você tem certeza, Dri? – Paulo tentou me desencorajar, apertando o meu braço.

Ignorei o seu sinal e balancei a cabeça, confirmando saber o que desejava. Fiquei receosa, óbvio, mas queria algo diferente. Aliás, precisava me ver diferente, sentir a mudança também em minha aparência. Afinal, tantas coisas tinham mudado; eu bem queria aproveitar essa onda para testar o novo, fazer algo que me divertisse. Estava liberada do encargo de ter que me preocupar com a aparência profissional (tendo deixado a clínica, não me sentia mais na obrigação de transmitir nenhuma imagem coerente com a que seria esperada de uma psicopedagoga). Se as pessoas pensavam que eu "embirutara" de vez mesmo, logo esse era o meu momento para ousar, transgredir.

Foi o que fiz. Após muita Emla (pomada anestésica), coloquei o piercing na narina esquerda. Não vou mentir dizendo que não doeu, foi dolorido para caramba. Depois é que me ocorreu a lembrança: nossa, qual o lado que se convencionou ser dos héteros? Quer saber, não estou nem aí!

Boquiaberto, sem palavras, Paulo permaneceu ao meu lado. Quando por fim superou o susto maior, disse com certa timidez:

– Bem que ficou legal, Dri, mas...

Eu não queria ouvir o "mas", nem o "por quê?", muito menos o "para quê?". Saí da galeria toda contente com meu novo visual, seguida pelo marido em choque.

Não pense você que eu parei por aí. Como ainda me atordoava com barulhos e muita gente à minha volta, pedi para chamar uma cabeleireira em casa. Quis o cabelo todo trançado, dividido em mechas trançadas a partir da raiz. Meu cabelo encontrava-se em fase de crescimento, assim, uma parte ficou estranhíssima, com umas trancinhas pequenas no lado esquerdo da cabeça e as demais, mais longas, no resto da cabeleira.

Você quer saber onde eu iria estrear o meu novo look no dia seguinte? Na festa de Natal na casa dos meus cunhados, supertradicionais e clássicos. Eu nem precisaria lhe contar que me deparei com o olhar surpreso de todos diante do meu look todo trançado, unhas azuis, vestido de seda e piercing no nariz, não? Mas surpresa mesmo fiquei com a fofa da minha sogra, na época com 80 anos de idade, que fez o seguinte comentário – sem dúvida, carinhoso:

– Adriana, que modelinho mais simpático. É para sempre?

Eu andava com roupas coloridas, parecendo um arco-íris ambulante. Mas com bom gosto, é claro!

Foi uma fase de "P" felicidade! Palhaços e piercing. Pintura e poesia; mas não negarei ter vivenciado certo luto após a saída da clínica CAD.

* * *

Nesse ínterim, graças à energia criadora e criativa de que todos nós somos dotados, resgatei uma atividade dos tempos de infância: escrever poesias. Descobri que a poesia é também um instrumento poderoso no processo de reabilitação, pois na chamada liberdade poética não há certo nem errado, não há feio nem bonito. Ela simplesmente nos permite experimentar, juntar palavras sem o compromisso de um sentido lógico. O sentido da poesia é o de se expressar, exercitar a criatividade, buscar a sua verdade. Aliás, em se tratando de hemisférios cerebrais, a poesia é riquíssima, pois ativa ambos os lados: tanto o lógico (gramática) quanto o abstrato (imagem). E ainda estimula o sistema límbico, a "limbilândia" de emoções do nosso cérebro.

Anteriormente ao meu derrame, já ministrara oficinas de poesia para adultos com a poetisa Elisa Lucinda, cuja proposta era aproximar os indivíduos do universo da palavra de forma lúdica, em seu sentido mais amplo e essencial: a vontade e a liberdade de expressão. Escrever, nessa etapa, constituiu-se no modo de dar espaço para a criança que levamos conosco. Afinal, somos a somatória de tudo o que já fomos, de todas as idades que nos conduzem até o momento atual.

Se eu contava com trinta e poucos anos durante o processo de minha recuperação, tinha dentro de mim a criança de 7 anos, a de 10, a adolescente de 13, e assim por diante. Recuperar também a visão de mundo da minha criança interna foi muito promissor!

Eu, que já me imaginara um dia trabalhando com poesia e literatura para crianças, comecei a desenvolver o livro *Vamos brincar de poesias?* Um universo bastante novo abriu-se para mim: gráficas, layout, boneco (trata-se do livro antes de ir para o formato de gráfica) etc. Isso me ajudou a desenvolver novos aprendizados, novas sinapses, novos caminhos cognitivos. Pessoas novas entraram em minha vida. Jamais me esquecerei do carinho e da paciência do Sr. Ademar, dono da gráfica que imprimiu meu primeiro livro.

Que conquista: a autoria de um livro! Dizem que precisamos cumprir três coisas na vida para nos realizarmos, não é mesmo? Plantar uma árvore, escrever um livro e ter um filho. Os dois primeiros estavam semeados e frutificados! Tão frutificado que quis fazer o segundo, e dessa vez com recursos oriundos de incentivo fiscal à cultura (Lei Rouanet) – afinal, dinheiro não nasce em árvore e produzir um livro custa não apenas trabalho, mas dinheiro.

O segundo livro da minha trilogia poética realizou-se com a colaboração dos meus então recentes "colegas": os artistas plásticos! Antonio Peticov ilustrou a capa; Ivald Granato, a contracapa; no miolo, tive a contribuição de outros talentos para o livro infantil chamado *Vamos pintar a poesia?* Que privilégio contar com as obras desses artistas!

Publiquei, na época, três livros de poemas para crianças. Eu escrevia, manifestava-me verbalmente e redescobria-me nas brincadeiras com as palavras que tanto tivera dificuldade em acessar um dia.

Sabe, gente
Eu sou diferente...
Mas quem não é?
Quando estou sem nada para fazer
Gosto simplesmente de ser
Meu passatempo preferido
Adivinha o que é, amigo?

Eu planto palavras
Na terra que é minha mente
e minhas ideias são sementes.
No meu jardim crescem contos de fadas
Podo trepadeiras de piadas
e adubo histórias engraçadas.
Na primavera colho poesias
No meu dia a dia, chove alegria!

Eu vivenciava, então, a quinta etapa do meu processo de reabilitação, ao me tornar consciente do medo e da sensibilidade de ter sofrido um terremoto cerebral – experiência essa a fazer parte definitiva de minha vida. Aceitar e tocar a vida sem se prender à posição de vítima é um desafio.

Durante o segundo ano pós-cirurgia, fui parar várias vezes no hospital achando que estava passando por um novo derrame ou algo igualmente catastrófico. Parecia acometida pela síndrome do pânico, na qual a cabeça, de maneira autônoma e atrevida, começa a tirar suas próprias conclusões e fazer suas inferências. Se não houvesse equilíbrio interno suficiente, ou se não brecasse a minha mente, julgaria mesmo que iria enfartar ou sofrer novo derrame. Em diversas horas, eu não acreditava que estava bem. Precisava da comprovação médica e hospitalar – e, olhe lá, mesmo tudo isso era insuficiente – para me tranquilizar, para me sentir ok. Quem passa por uma cirurgia cerebral ganha uma espécie de impressão digital nova. Uma marca, assim como aquelas a ferro quente impressas em lombo de gado.

CAPÍTULO 24

SOMOS A SOMA

Em meu processo de reabilitação, talvez um dos mais importantes marcos tenha sido a temporada que passei em Ilhabela, no litoral norte de São Paulo, dois anos após o derrame.

Refugiei-me em uma ilha para entrar mais em contato com minhas novas fronteiras. Refugiei-me para me encontrar. Sem a clínica, mas pintando no ateliê; sem o trabalho acadêmico, mas desbravando a literatura infantil. Queria ficar mais recolhida, comprar uma fazendinha e ter um filho. Mas não eram essas as pretensões de meu marido, e eu precisaria olhar com certa distância a minha vida.

Aluguei uma casa perto do mar, para onde fui com Zorro e a empregada, que cuidava da parte doméstica e me ajudava com tudo. Depois de me encontrar devidamente instalada, bati à porta do vizinho ao lado para as apresentações, como reza a boa educação.

– Boa tarde, desculpe-me incomodá-lo, mas serei sua vizinha por mais de um mês, o período que passarei aqui na ilha. Então, achei que deveria me apresentar... Já que vamos dividir o mesmo quintal. – Dei uma risada franca ao perceber que ele me acolhia com um olhar igualmente franco e atento. – Meu nome é Adriana e estou nessa casa azul à sua esquerda.

Ele continuou me encarando com seus olhos expressivos. Por fim, disse:

– Bem-vinda, vizinha, à minha ilha. À nossa ilha!

Toni, como vim a saber que ele se chamava, era uma figura interessantíssima, uma linda alma. Imagine um homem maduro, com longos cabelos presos em um rabo de cavalo e bigode com as pontas retorcidas à la Salvador Dalí: assim era ele.

— Prazer em conhecê-la, Adriana — cumprimentou-me com efusão. — Moro aqui na ilha faz dois anos. E ainda estou me ambientando... — Soltou uma risada contagiante. — Fiz essa mudança em razão da *big wave*... Mas, entre, como sou fotógrafo, quero lhe mostrar algumas coisas que ando produzindo.

Descobri que morava sozinho, vivera vários anos na Espanha e tinha um estilo de vida sem regras nem convenções. Desenvolvera algumas teorias bizarras, como acreditar que ocorreria uma catástrofe no mundo, ocasionada por uma onda gigante que cobriria diversos locais do planeta. Mas afirmava que certos lugares estariam livres, entre os quais a Ilhabela.

— Ah, você acredita então nessa ideia do mundo varrido por essas *waves*? — eu disse, só para ser educada, sem querer esticar o assunto, por razões óbvias. Afinal, cada cabeça é uma sentença e de médico e louco todos temos um pouco. Desviei a conversa para um tema canino:

— Este cachorro é seu? Eu tenho um parecido. Aliás, deve estar aprontando alguma.

Se fosse hoje, eu diria que Zorro seria capaz de se transformar no próprio Marley, o labrador capeta do filme *Marley & eu*.

Quanto a mim, vivi aquela temporada acordando com a luz do Sol, fazendo caminhadas na areia e comendo peixe e salada.

A temporada em Ilhabela representou muito para o resgate de minha autonomia, ou melhor, para minha plasticidade emocional. Considero até simbólico o fato de eu ter escolhido uma ilha para reaprender a viver comigo mesma, já que ilha representa isolamento, estar só, estar consigo. Naqueles dias, estabeleci uma rotina de vida saudável e a segui à risca. Acordava cedo, tomava as refeições no mesmo horário e fazia caminhadas na praia que me ajudavam a firmar cada vez mais o andar. Passava a maior parte do tempo pintando e, à tarde, por vezes, recebia visitas de amigos, como Toni, que vinha tomar chá comigo e trazia o seu cachorro para brincar com o meu. Ah, e antes que pela sua mente, caro leitor, passe a suspeita de alguma conotação de romance nesses nossos encontros, já me adianto: ele se tornou um irmão para mim.

– Toni, e o que você faz por aqui? Sua rotina, lazer... – Essa foi uma de nossas conversas iniciais.

– Eu vivo – respondeu-me, com simplicidade.

– Uau! Será que se vier morar aqui pensarei dessa forma, tão simples? – indaguei, surpreendida, enquanto respirava fundo, aspirando a maresia que a brisa me trazia. Aquele cheiro me remetia à primeira infância, quando eu construía meus primeiros castelos de areia na beira da praia. – Nossa, como a natureza nos faz bem, não? Que terapia, que nada! Às vezes, tudo o que necessitamos é nos recolher e ficar em contato com a natureza. Simples assim...

– Por que acha que não consigo mais deixar Ilhabela? E olhe que já rodei muito o mundo... Mas aqui, rodeado pelas montanhas, pelo mar e por este incrível céu, não quero outra paisagem para meus olhos! – Ele franziu a testa, refletindo sobre minhas palavras. – Engraçado... Você falou como se nunca tivesse tido muito contato com natureza. Você é da cidade grande? É de São Paulo?

– Sou, sim. Mas, na verdade, até que convivi bastante com a natureza, sim, principalmente com o mar. – Resgatei então todas as viagens realizadas desde a infância. Lancha, *hobie cat*, barco a remo, veleiro de oceano, canoa: quantos meios de transporte para nos conduzir mar afora de que eu já fizera uso... – Mas conviver não significa viver atento, né? É preciso acontecer algo para valorizarmos e passarmos a prestar atenção aos detalhes da natureza, do universo.

– Hummm... Parece que você precisa desabafar ou estou enganado? Se quiser me contar, sou um bom ouvinte. Caso contrário, tudo bem, respeitarei o seu silêncio.

Diante de sua prontidão, encontrei, enfim, um interlocutor atento e irrestrito.

Assim ocorreu a fase de colheita dos ganhos que tive, ao passar por tudo o que passei. Você leu direito: ganhos. Sei que a ideia parece estranha. Meu médico dissera, certa vez, aos meus pais: "O cérebro não perdoa".

Lembrei também que ouvi de outro médico que quem teve um AVC não ganha, mas perde. Pensei comigo: *Entretanto, eu ganhei tanto!* Eu, que supervalorizava a intelectualidade, aprendi a valorizar também a intuição. Eu, que tanto questionava as coisas que não faziam sentido, aprendi a ver o sentido delas. Eu, que era tão exigente comigo mesma e mentalmente rígida, aprendi a cultivar novas formas de pensar, a ser flexível diante dos acontecimentos.

Compreendi que não podemos ser apenas a razão ou a emoção; a lógica ou a intuição; o hemisfério direito ou o esquerdo. A soma de tudo isso é que nos torna seres mais completos e harmoniosos. Temos de nos permitir pensar e funcionar de maneira diversa e respeitar o prazo de que corpo, mente e espírito precisam. "Viver um dia por vez, da melhor maneira que for possível viver": essa tornou-se a nova versão, reeditada, do meu lema.

CAPÍTULO 25
O QUEBRA-CABEÇA RECONFIGURADO

O resgate da lembrança de que fazia mestrado em Psicologia na USP ocorreu mais de dois anos após meu derrame. Aí já era tarde demais, havia perdido a matrícula e minhas notas caducaram. Quando consegui me lembrar de que trabalhava e atendia pacientes com dificuldades de aprendizado, não tinha a menor ideia do tipo de trabalho que realizava com eles. Gradativamente, ia me recordando de um paciente, mas não de outro. Por exemplo: me lembrava de uma situação, do gesto de um paciente, mas não de uma sequência, do encadeamento de informações.

* * *

Em meio a esses cacos de lembranças, fui surpreendida pela visita de uma ex-paciente em casa. Logo que minha mãe me anunciou a sua vinda, o nervosismo me dominou: o que iria conversar com ela? Sobre o quê?

– Oi, Maria. Muito obrigada por sua gentileza em vir me visita. – Acolhi aquela moça de cabelos castanhos, olhar profundo e cheio de empatia com um sorriso, embora sentindo a maior insegurança do mundo por dentro.

Não sabia como tratá-la, pois o grau de confiança que eu presumia ter sido construído em nosso vínculo, se existia, só perdurava de sua parte, pois, do meu lado, encontrava-me na frente de uma completa desconhecida.

Seu nome só fui capaz de mencionar porque minha mãe me passou antes a cola, soprando-me no ouvido. Ao olhar para ela, sabia que era meiga, tímida, com movimentos cuidadosos e gentis; era suave e, ao mesmo tempo, alerta. Mas, por mais que me esforçasse, não conseguia acessar a questão da sua dificuldade, do aspecto mais analítico, digamos assim. Devido à lesão no hemisfério esquerdo, concluo, fiquei em banho-maria com relação à capacidade de racionalizar, discriminar, analisar e sequenciar o que me rodeava.

Naquela época, houve momentos em que o desespero bateu forte em mim ao me conscientizar de que eu, uma especialista em aprendizado, não conseguia acessar meus próprios aprendizados. E, pior, apresentava dificuldade para aprender a me entender de novo. Imagine a situação de um atleta corredor que não consegue mais correr ou alguém que é cardiologista com um problema sério no coração. Eu, como educadora, teria de descobrir novos caminhos de reeducação.

Sinceramente, eu não tinha planos de retomar a vida profissional anterior. Entretanto, quando menos esperava, o convite para fazê-lo bateu à minha porta. Antes de sofrer o derrame, ainda no CAD, eu atendia uma menina com problemas de aprendizado e baixa autoestima. Júlia havia sofrido muito com a separação dos pais, não se relacionava com ninguém, apresentava dificuldades na escrita e compreensão de textos, na organização das ideias e de sua própria vida. Quando estávamos enfim tendo alguns progressos, sofri a cirurgia e parei de trabalhar. Ela e sua mãe deixaram de ir à clínica porque não quiseram dar continuidade com outro profissional de lá.

Eis que, quatro anos depois, elas me acharam e vieram me pedir para retomarmos a terapia! Nunca me esqueço da abordagem da mãe:

– Adriana, foi tão complicado localizá-la! Graças a Deus, mas graças a Deus mesmo. Ele ouviu minhas preces, e consegui achá-la. – Ela segurava em minhas mãos enquanto eu a encarava meio atordoada. Parecia que ela havia encontrado uma tábua de salvação em alto-mar. – Na clínica me disseram que você estava impossibilitada de trabalhar. Mas a Júlia disse-me que só queria ser atendida por você!

Eu mal sabia que a tábua de salvação quem me oferecia era ela. Havia uma mistura de angústia, surpresa e ansiedade em saber que estava sendo procurada por tanto tempo, para retomar o trabalho. Não sabia como lhe explicar que não me sentia capacitada para atender a filha após o derrame.

– Olhe, dona Laura, eu não posso atender a Júlia. Desculpe-me, eu sei que me procurou por bastante tempo, mas… Realmente, não tenho condições, pois parei de atuar na área. – Diante de seu olhar de decepção, retomei a palavra, sem acreditar no que minha boca deixava escapar. – O que posso fazer é aceitar que ela venha conversar comigo algumas vezes, de maneira bastante informal, sem o compromisso de um tratamento, tampouco de aporte financeiro. Podemos tomar um café com bolo.

Sua mãe topou sem pestanejar, porque Júlia passava por um período muito crítico, sem ter se acertado com outro profissional naqueles quatro anos.

E não é que deu certo? Talvez justamente pela falta de cobrança, as conversas informais com a Júlia foram evoluindo e, de modo natural, se construindo um caminho terapêutico bastante produtivo.

O fato de ter aceitado receber Júlia sem encará-la como um caso clínico me deu autoconfiança, pois não me comprometia com resultados, nem criava grandes expectativas. Afinal, não queria me frustrar ou ainda, frustrar a jovem. Sentia-me insegura para recomeçar a trabalhar depois de um intervalo tão longo, assim como era insegura minha forma de andar. Começamos, então, a nos encontrar semanalmente. A garota sentia tal confiança em mim que era como se não percebesse de minhas limitações. Limitações essas que criavam espaços de possibilidade. Fui me dando conta de que era eu quem estava focada em minhas limitações, não os outros.

De forma bem tranquila, fui resgatando e aplicando os recursos terapêuticos da Psicopedagogia. Também comecei a experimentar com ela coisas que utilizara em minha própria recuperação, pois percebia que algumas situações enfrentadas pela garota eram etapas e processos que acontecem diante de um trauma, assim como eu passei e tantos outros passam. O trauma pode ser de várias naturezas e, de modo geral, refere-se a uma experiência profundamente perturbadora que causa um impacto emocional, psíquico ou físico grandioso. Traumas têm origens singulares. Mas devem ter um modo criterioso, baseado em evidências e experiências, para ser tratado. Por isso, indiquei que procurasse um psiquiatra antes de qualquer conversa. Essa era uma condição *sine qua non*.

Embora Júlia não tivesse operado a cabeça, nem tivesse passado por convulsões e outras "cenas", de certa maneira também buscava sua plasticidade emocional. Imagine o seguinte panorama: uma garota de 20 anos, bonita, inteligente, órfã de pai. Um irmão internado por drogas, a mãe cheia de dívidas. E se você acha que esse quadro é denso o bastante para uma pessoa só, como tudo sempre pode piorar, ela ainda engravidara de um ficante, sem seu consentimento. Era preciso reconfigurar suas emoções e cognição. Criar um novo encaixe para seu quebra-cabeças.

Nossa relação era formal, apesar de comprometida, inteira, sensível e foi assim por alguns meses, até a mãe dela me dizer que começaria a pagar por aqueles encontros. Recusei:

— Não estou fazendo terapia.

— Está sim, Júlia melhorou bastante – insistiu. – A vida dela está mudando. De maneira bem positiva. Encontra-se muito mais equilibrada. Não tenho a menor dúvida de que o mérito é todo seu.

Nesse ponto, a mãe de Júlia se enganava. O mérito é sempre daquele que está passando pela dificuldade. Porque se o indivíduo, paciente, não quiser, nenhum terapeuta fará milagre.

Foi assim, quase sem querer, o meu retorno ao trabalho.

Em seguida, veio Gustavo, jovem que sofrera lesão cerebral causada por um violento choque elétrico, aos 13 anos. Sofreu uma anóxia cerebral (falta de oxigênio no cérebro), ficando com várias sequelas relativas a atenção, memória, controle de impulsos, flexibilidade mental, linguagem escrita e lógico-matemática, dentre outras. Para ilustrar: ele não conseguia manter a atenção por mais de cinco minutos, tampouco permanecia sentado por esse mesmo tempo; não compreendia mais a relação entre número e quantidade, nem os signos da linguagem. Como tinha uma dificuldade enorme em controlar seus impulsos, acabava sendo muito inadequado em situações sociais.

Naquele momento Gustavo estava perto dos 21 anos, passara por vários tipos de reabilitação naqueles últimos sete anos, mas evoluíra muito pouco. Por intermédio de uma parente minha, o pai do rapaz me procurou e foi logo anunciando que o filho faria terapia comigo. Novamente tomei um susto. Disse que não era bem assim, eu estava recomeçando etc. e tal; depois de um tempo, aceitei o desafio.

Se já via em Júlia questões similares às minhas, no caso do Gustavo, então, nem se fala: eu sabia o que ele estava vivenciando, como se sentia e de que maneira poderia ajudá-lo. Ele havia perdido a capacidade de ler e escrever. Apresentava dificuldade na atenção dividida e atenção concentrada, e também dificuldades severas no controle de impulsos e flexibilidade mental, ou melhor, suas funções executivas estavam bastante comprometidas. Ele estava sendo estimulado a fazer contas de dividir e multiplicar quando não tinha entendido ainda a relação entre a representação do número e sua respectiva quantidade. Outro dia encontrei-o em uma missa e ele me presenteou:

– Foi ela quem me fez reaprender a ler e escrever, voltar a ser uma pessoa normal!

Novamente, minha resposta:

– Seu esforço, os treinos e a capacidade plástica de seu cérebro é que foram responsáveis.

Chegou também ao meu consultório uma jovem adolescente, 16 anos, terceira filha de um casal muito bacana. A indicação foi do psiquiatra Dr. Mercadante. Enfrentava uma depressão, com sintomas obsessivos. Ela chegou muito magra, abatida e visivelmente tensa, desconfiada. Diante de sua dificuldade em se abrir, comecei a contextualizar o que poderia estar sentindo:

– Teresa, o que você está sentindo não é nada fácil. Sei que se sente dentro de uma bolha, como se estivesse submersa, e essa sensação é muito pavorosa mesmo.

Ela, que estava muito rígida, sentada na pontinha da poltrona, com os braços e pernas parecendo com os de um boneco de madeira, soltou-se e encostou-se no espaldar.

– Como é que você sabe? Eu me sinto assim, como numa bolha – arriscou ela.

Continuei, com muito cuidado, olhando dentro de seus olhos e levando minhas mãos em direção às suas:

– Você está sendo atendida por um médico fabuloso. Segundo ele, você está com depressão. Isso significa que seus neurônios estão muito estressados e precisam ser menos solicitados. Você precisa dar um tempo para sua cachola. – Fiz questão de usar um tom bastante coloquial. – Enquanto isso, procure fazer coisas que te deem prazer, no seu presente, no seu dia a dia. O que você se sente bem em fazer?

– Gosto de massagem e de assistir filmes – ela finalmente se pronunciou, em voz baixa.

– Ótimo, então vamos organizar seu dia de hoje para essas duas atividades? E não pense muito. Aliás, vamos dar uma folga para seu hemisfério esquerdo! Sei que nossa cabeça às vezes cria "vida própria" e vai parar onde não queremos, certo?

Que grande triunfo! Consegui arrancar um sorriso dela! E com isso, no dia a dia – somando ainda a parceria fundamental do psiquiatra, as medicações e o apoio incondicional de seus pais –, galgamos degraus rumo à superfície de sua depressão.

Reorganizaram-se suas tarefas cotidianas, que incluíram mudança de escola e diminuição de atividades extraclasse. Eu mantinha contato semanal com sua família, escola e médico. Dessa forma, a equipe da Teresa foi obtendo êxitos, juntamente com ela. Autoconhecimento e autoestima foram sendo exercitados. E uma nova organização, a plasticidade emocional de Teresa, foi trilhada.

São várias e guerreiras trajetórias de vida que tenho compartilhado. Um jovem viciado em cocaína; uma garota com compulsões alimentares; outra que havia sido diagnosticada como bulímica; uma senhora que sofreu um derrame isquêmico de hemisfério direito; um senhor de mais de 70 anos deprimido pelas limitações da idade; um universitário com dúvidas e conflitos sobre sua escolha profissional; outra adolescente buscando sua identidade sexual; cada um à sua maneira, buscando a plasticidade emocional para se desenvolver, se realizar em prol do seu bem-estar.

E entre um novo caso e outro, em um dos cursos que fazia, conheci uma psicóloga e arte-educadora que, ao tomar conhecimento dos casos que eu tratava e do tipo de terapia realizada por mim, me apresentou à diretora da Sociedade Brasileira de Neuropsicologia (SBNp), alegando que minha abordagem era de neuropsicóloga.

"Nossa, será?", duvidei.

Seguindo o conselho de Mônica e da diretora, fui ao encontro da presidente da entidade, a neurologista Dra. Lúcia Iracema. Ao me dar conta, partiu o convite de sua parte para eu integrar a diretoria, como a primeira profissional oriunda da área da Educação.

Foi especial o meu privilégio de participar da Sociedade fundada por Dr. Norberto – aquele mencionado por mim quando contei minhas primeiras empreitadas rumo ao aprendizado do cérebro. Embora eu ainda não tivesse, naquela época, formação acadêmica formal em Neuropsicologia, ingressei na SBNp como psicopedagoga, com um trabalho embasado nas neurociências e com vivência (e que vivência) em reabilitação neuropsicológica. Pouco depois, obtive a formação que me oficializou especialista. E não parei mais: realizei cursos nos EUA e continuo fazendo outros no Brasil.

Cada vez mais fortalecia as conexões entre a Psicopedagogia e a Neuropsicologia. Uma diversificação e mudança de rumo, assim como os galhos de uma árvore que vão se ramificando, criando novos galhos em busca do Sol. E, metaforicamente, é o que acontece com os neurônios e seus circuitos ou suas redes. Aliás, essa configuração, na qual os neurônios, por meio dos seus dendritos, vão arborizando, podendo criar um substrato físico, é necessária para a formação de novas sinapses. Lembro aqui que axônios são prolongamentos do neurônio por onde os impulsos nervosos são encaminhados para outro neurônio e os dendritos são as ramificações que recebem esses impulsos.

E foi buscando compreender o que aconteceu com meu cérebro que aprofundei sobre seu funcionamento, ramifiquei meus interesses e arborizei meu conhecimento.

CONSIDERAÇÕES FINAIS

Para concluir, gostaria de esclarecer que limitei minhas ideias e exposições ao ponto de vista prático, ou seja, da vivência – em detrimento de um discurso. Mudei o nome de algumas pessoas para resguardá-las e também por exigência do sigilo profissional. Outras, no entanto, fizeram questão de serem citadas com seus nomes verdadeiros.

É natural que eu faça menção a aspectos das neurociências, todavia, o meu maior objetivo com esta obra é promover dados de experiência e realidades que sejam acessíveis a qualquer leitor. As informações científicas são de suma importância para quem deseja aprender sobre o tema, porém minha intenção foi apenas compartilhar minha experiência, que como bem explica Ausubel sobre a Aprendizagem Significativa, é o que promove o aprendizado. Além disso, por ter me especializado em áreas que estudam a aprendizagem, ou ainda, a cognição, não poderia deixar de me basear em meu maior legado: aprendemos com mais efetividade por meio da vivência, do vínculo, da relação com o outro. E, claro, por meio da integração do ser, que é tanto emocional quanto cognitivo.

Qualquer médico, neurologista ou neurocientista, poderá evidenciar lacunas neurocientíficas em meus relatos. Embora eu até apreciasse a ideia de escrever um livro mais científico sobre o assunto, essa não foi minha opção no momento.

Também optei por dar destaque ao aspecto humano e busquei ir ao encontro dos pedidos de pacientes, profissionais e pessoas que cruzaram meu caminho. Foi assim, a pedido deles, que decidi criar um texto com mais pé na realidade de um recuperando – muito menos teórico e mais prático –, com mais ganchos de identidade entre as experiências. Somando ao primordial: tentou-se, de alguma forma, ser útil e interessante ao leitor.

Entretanto, para não deixar de lado o que também considero importante – artigos, livros, instituições e cursos –, quem desejar pode entrar em minha página do Facebook (/adrianafoz) ou do Instagram (@adrianafoz). Lá podem ser exploradas essas e outras informações sobre um tema tão fascinante e inesgotável: a neuroplasticidade.

EPÍLOGO
EMOCIONO, LOGO EXISTO

Bem, esse é o legado do meu derrame cerebral. Resultado de processos da neuroplasticidade facilitados por ambientes enriquecidos, muitos exercícios e escolhas assertivas. Contudo, uma trajetória marcada por dúvidas e retrocessos por um lado; perseverança, resiliência e muitas vezes coragem, por outro.

Assim aprendi sobre plasticidade cerebral: primeiro na própria pele e, depois, na literatura acadêmica. E, principalmente, aprendi sobre plasticidade emocional quando percebi que ao criar caminhos, atalhos e pontes para a jornada da reabilitação precisava contar com competências emocionais para obter sucesso. São essas as competências para a plasticidade emocional, mencionada em vários momentos, sem a qual pouco progresso efetivo alcançaria. É evidente que a motivação e a disciplina foram as molas propulsoras para o êxito de minha recuperação.

E, claro, esta jornada continua.

Acredito que tenha ficado evidente que, na minha recuperação em particular, houve esforço e mobilização efetivos – de minha família, amigos e profissionais – para perseguir esse objetivo. Afinal de contas, tendo eu sofrido um derrame tão jovem ainda, havia todo o horizonte à minha frente a se descortinar; a vida, pulsando em mim, necessitava apenas de um agente para reassumir as suas rédeas.

Mesmo antes, ainda não totalmente consciente, eu sentia que, de alguma forma, eu iria me recuperar. Não queria ficar daquele jeito, lesada como demonstrei ao despertar após o AVC.

Minha experiência ensinou-me que a melhor forma para reabilitar é se sentir útil, experimentar novos caminhos e se sentir capaz ao produzir algo. Ou ainda:

* **Sentir-se amado e capaz**
Essa descoberta, felizmente, pode acontecer com qualquer um, em qualquer momento da vida.

* **Olhar para si e aprender**
Porque aprendemos – desde que somos um embrião – uma preciosidade de possibilidades e limites promissores.

* **Emocionar-se**
Segundo António Damásio, importante neurologista e neurocientista português que foi chefe do Departamento de Neurologia da Iowa College of Medicine, a emoção tem um papel essencial no "teatro cerebral". O desenvolvimento de nossas competências é extremamente vinculado à atuação de nossas emoções.

* **Sentir, pensar e agir**
Em julho de 2011, fui à Festa Literária Internacional de Paraty (FLIP) e assisti à tão esperada mesa *O humano além do humano*. Para contemplar assunto tão polêmico, grandioso e controverso, os dois convidados, Miguel Nicolelis e Luiz Felipe Pondé, foram desafiados, em pensamento e em ação, a discorrerem sobre os limites e não limites do ser humano. De um lado, Nicolelis, um dos maiores neurocientistas da atualidade, e de outro, Pondé, importante filósofo e colunista de diversos veículos de comunicação.

Nicolelis lançou um desafio, que depois foi demonstrado na Copa do Mundo de 2014: fazer uma pessoa tetraplégica caminhar até o centro do campo de futebol no jogo de abertura do evento com o recurso de um exoesqueleto, resultado da ampliação dos limites humanos.

Já Pondé falou do que é essencialmente humano – e que assim sempre permanecerá –, com conflitos, pensamentos e crises, pois "ainda" ou "tão somente" somos humanos. Aproveito-me desse "manjar" neurofilosófico para dizer que talvez a questão não seja nem uma nem outra.

A minha experiência relatada neste livro mostrou-me que somos a soma. A soma de nossas experiências, nossas heranças biológicas e genéticas, nossos sonhos, nossas tomadas de decisão e nossas escolhas.

* Compartilhar e somar

Minha experiência me ensinou que, para alcançar a reabilitação – e mais, promover bem-estar, satisfação e novos aprendizados –, precisei contar com essa característica inerente do ser humano: a plasticidade cerebral. E também precisei desenvolver, exercitar e criar recursos emocionais descritos ao longo deste livro, o que chamei de plasticidade emocional.

* Curar-se

A cura só acontece quando nossas emoções ganham seu devido valor. Nós podemos modificar nossas emoções, como eu pude constatar na prática e hoje é verificado, por evidências científicas, nos trabalhos de Richard Davidson e Daniel Goleman, dentre outros.

* Curar-se cuidando das emoções

Plasticidade emocional foi o tema de minha participação no TEDx São Paulo, de 2016. Tive o privilégio e especial desafio de palestrar sobre o tema na Sala São Paulo para mais de 1.500 pessoas (a Sala São Paulo é considerada uma das melhores do mundo para concertos e fica no Centro da cidade).

Precisei resumir em 15 minutos meus aprendizados – reaprendi muitas habilidades e aprendi a sambar, ensinando meu cérebro a rebolar. Apresentei como descobri que a emoção é o que une o cérebro a todo o corpo. Você pode ver o vídeo acessando o QR Code ao lado.

Bora lá rebolar?

POSFÁCIO

Dia 16 de fevereiro de 2000, era uma quarta-feira. Foi quando Dra. Aidê pediu que eu examinasse uma paciente de 32 anos, internada na noite anterior. Uma semana antes, começara a ter dor de cabeça, progressivamente pior, com vômitos e uma sonolência cada vez mais intensa. Já não mais conseguia manter-se em pé ou mesmo sentada. Quando examinei Adriana, era evidente que estava muito doente. Sua mãe, que a acompanhava, estava particularmente angustiada. Adriana havia sido submetida a um exame que mostrou uma hemorragia intracraniana grave e que comprometia estruturas profundas do seu cérebro. Queria saber o que seria feito para reverter esse quadro dramático e que consequências restariam. Outros exames foram realizados e Adriana foi operada no dia seguinte. Um grande coágulo de sangue e a malformação arteriovenosa que provocara o sangramento cerebral foram retirados. Adriana recuperou-se progressivamente, iniciou sua reabilitação e recebeu alta hospitalar. Continuei seu tratamento vendo-a periodicamente no meu consultório.

Mesmo que esses fatos sejam parte da rotina profissional do médico, cada paciente é único, com personalidade, anseios, medos, esperanças e crenças próprias. No entanto, nem sempre o médico tem a possibilidade de conhecer cada um de seus pacientes em profundidade. É comum que a relação seja apenas profissional e restrita às questões das doenças que os afetam. Mas Adriana não era uma paciente comum.

Revelou-se uma pessoa extraordinária, muito especial. Com o passar do tempo, descobri que Adriana tinha uma capacidade incomum de luta e de superação. Alguns anos depois, fui mais uma vez surpreendido por ela. Trouxe-me o esboço do livro em que relata sua vivência e experiência com o acidente vascular cerebral (AVC) que transformou a sua vida. Dona de uma percepção excepcional e com a vantagem de ter formação em Psicopedagogia, Adriana conseguiu analisar em profundidade cada etapa da sua doença e recuperação. A descrição e a interpretação dos fatos relatados constituem um manancial de ensinamentos para nós, médicos e terapeutas, assim como para todos os que, de alguma forma, estão envolvidos com portadores de AVC. O livro de Adriana é um documento vivo e raro sobre como funciona o cérebro humano e como se manifestam as suas falhas na percepção de quem as apresenta, o que o torna simplesmente fascinante.

Dr. Reynaldo Brandt

Neurocirurgião do Hospital Albert Einstein e
Presidente da Mesa Diretora e do Conselho Deliberativo
da Sociedade Beneficente Israelita Brasileira
do Hospital Albert Einstein

Membro Titular da Sociedade Brasileira de Neurocirurgia
Membro da American Association of Neurological Surgeons
e do Congress of Neurological Surgeons

DEPOIMENTOS

"Que Deus abençoe a Adriana e este livro, que acredito que tocará muitas pessoas. Nós somos sempre instrumentos de Deus e damos graças a Ele pelo que tem feito, e ainda faz, na vida da Adriana. Podemos ver neste testemunho de fé e superação que, quando entregamos a Deus nossa vida, tudo o que temos e possuímos, Ele derrama Sua graça e Se manifesta como cura e recuperação, inicialmente considerada impossível por médicos e profissionais da saúde. Isso nos leva a querer estar juntos de Deus nas celebrações para pedir, orar e agradecer sua grande misericórdia, e juntos buscar forças para não desistir quando tudo depõe contra nós. Que Deus abençoe a todos."

Pe. Marcelo Rossi

"Adriana Fóz é uma vencedora. Não apenas porque sobreviveu a um inesperado acidente vascular cerebral, que aos 32 anos lhe tirou muito mais que apenas alguns movimentos, mas a própria capacidade de organizar seus pensamentos e sua memória. Mais que isso: Adriana, nesses doze anos de aprendizado e de reinvenção da sua vida, da vida dos que a cercam e agora de todos aqueles que puderem travar contato com este maravilhoso relato aqui apresentado, foi se aperfeiçoando e progredindo naquilo que ela mesma batizou de plasticidade emocional. Com a coragem daqueles que não se entregam e com a vontade dos que realmente têm um propósito de vida, ela escreveu esta obra, que serve a todos nós, com pequenas ou grandes limitações, físicas ou emocionais."

Lars Grael

DEPOIMENTOS DE LEITORES POR MEIO DO FACEBOOK

"Li seu livro em um fim de semana. Parabéns! A leitura é agradável, mantém o leitor interessado de uma maneira leve e curiosa. Admirável toda sua trajetória e forma de lidar com ela!"

Cristina P.
Escola Graduada de São Paulo

"Adriana, ontem recebi o seu livro, minha irmã comprou no Brasil, começou a ler e levou de férias. As amigas leram (no Havaí!) e ontem chegou para mim. O que dizer? Fiquei emocionada. É uma história linda, uma vida rica de emoções e de experiências fortes, duríssimas. Seu livro com certeza ajudará muita gente a se recuperar, a pensar em maneiras diversas. Gostei muito!"

Daniela D., 36 anos

"Que coisa linda o seu livro. Cheguei ontem em casa e não resisti, já comecei a ler e não parei até acabar. Seu relato é honesto, vivo e tocante. Sou psicóloga e eutonista. Obrigada!"

Luciana G. P., 40 anos
São Paulo

"Adriana, gostei muito do livro que li em dois voos curtos e mais duas 'sofasadas'. Emocionante, tocante, mas sem 'pieguice'. Leitura gostosa, fluida, *inspiring*. Imagino quantas pessoas se beneficiarão com a leitura."

Renato C. F., 51 anos
São Paulo

"Acabei de ler seu livro *A cura do cérebro*. Estou encantada com tudo que li. Sou aluna do curso de pós-graduação em neuroeducação."

Alissandra S., 34 anos
Cuiabá, MT

"Olá, Adriana, meu nome é Felipe e moro no interior de Sergipe. Estou lhe escrevendo porque li seu livro e estou encantado com a sua história. Você, por meio da vivência, enxerga seus limites e suas possibilidades, trazendo um novo olhar para a reabilitação. E ouso dizer, para a prevenção: plasticidade emocional!"

Felipe Nicolau, 19 anos
Aracaju, SE

"Adorei seu livro, parabéns pelas tuas reconquistas. Tenho um filho de 8 anos que teve um AVC aos 4 meses. Virei sua admiradora, sua história acrescentou muitos ensinamentos de minha vida."

Juliana K. M., 41 anos
Alegrete, RS

"Boa noite, Adriana, meu nome é Fernando e fiquei muito interessado em seu livro *A cura do cérebro*. Obrigada por compartilhar, pois estas palavras nos dão ânimo e esperança."

Fernando A.
São Francisco do Piauí, PI

"Parabéns, Adriana! Magnífico livro, um exemplo de superação. Obrigada por proporcionar este momento."

Fábio T.
Niterói, RJ

"Caríssima Adriana, boa tarde! Estou lendo o seu livro *A cura do cérebro*, muito bom, rico em muitas coisas. Está me trazendo muitos ensinamentos, principalmente no sentido de conhecer a mim mesmo para também entender melhor as pessoas ao nosso redor."

Jurema P., 41 anos
Guaxupé, MG

"Olá, Adriana, eu ganhei seu livro de presente de um amigo. Além de me emocionar, me vi muitas vezes no livro e me deu, então, vontade de escrever minha história."

Silvia L. Z.
Florianópolis, SC

"Oi, Adriana! Em dezembro li seu livro, fiquei maravilhada com seu empenho e sua superação. Para mim sua experiência vale também para quem não passou por isso. Um alerta para prestarmos mais atenção ao nosso redor e desenvolver novas habilidades, sempre!"

Ana Maria de I.
Ex-aluna da PUC-SP

"Achei demais seu livro, pois queria entender mais sobre o assunto. Queria parabenizá-la pela sua força e superação. Você é um exemplo para muitas pessoas!"

Kelly C. S.
Sorocaba, SP

DEPOIMENTOS DE LEITORES POR MEIO DO INSTAGRAM

"Li seu livro logo que lançou, acho que em 2013. Até hoje eu lembro dele, de sua história e de todo o aprendizado que me marcou. Demais!"

Heloísa D.

"Você é um exemplo de SUPERAÇÃO. Eu tive um AVC hemorrágico, em 2019, aos 31 anos de idade. Li alguns de seus livros e soube da sua história de vida enquanto estava me recuperando. Tem toda minha admiração."

Letícia D.

"Adriana, sou pedagoga e tive um AVC, em 2020. Estou me recuperando e tenho você como meu exemplo, te admiro muito e sei que a sua história me inspira todos os dias... Obrigada por fazer parte da minha vida!"

Paula D.

"Adriana, você é maravilhosa! Sempre te admirei e só fiquei sabendo que você tinha tido um AVC mais recentemente, quando li seu relato no seu belíssimo livro. Não há razões para inseguranças, pois não ficaram sequelas (tanto que eu nem sabia). Você discursa e escreve mil vezes melhor do que eu e se coloca muito bem – em público e fora dele. E, além do mais, tem uma luz que ilumina por onde você passa. Tenha sempre minha admiração, juntamente com meus agradecimentos de abraçar a causa dos @avcistas e ajudar tanta gente!"

Fernanda P.

"Li o seu livro e achei fantástica sua história e, principalmente, a recuperação."

Iago P.

"Estou quase terminando de ler seu livro *A cura do cérebro*, sua história é emocionante e inspiradora... Vou levar seus ensinamentos para a vida. Obrigada por escrever um livro tão incrível."

Fernanda L.

"Você é luz no caminho de todas as pessoas que sua vida toca, em especial, nas vidas das pessoas envolvidas no AVC, sejam avecistas ou familiares e amigos. Sua superação foi incrível, seus ensinamentos salvam. Agradecemos de coração sua enorme coragem e seu imenso afeto. Também sou sua fã. Seus livros *A cura do cérebro* e *Frustração* são leituras fundamentais."

Lúcia M.

"Seu livro foi uma aula de como entender e lidar com meu pai. Muito obrigada, que Deus te abençoe muito. Obrigada por compartilhar sua história tão linda e cheia de força."

Luciana B.

"Impactada com seu livro. Quanta sabedoria em usar a plasticidade emocional, nunca tinha ouvido falar. Feliz em ler seu livro, conhecer um pouco da sua história e ver o quanto você é forte em passar por tudo isso e ainda compartilhar sua história e continuar ajudando pessoas."

Michelle S.

"Livro perfeito e com uma belíssima história. Quem puder ler, leia, pois não irá se arrepender."

Thaís F.

DEPOIMENTO ENVIADO POR CARTA, NAS VÉSPERAS DESTA EDIÇÃO IR AO PRELO

"Após sair do coma, depois de 9 dias sem falar e sem me mexer por 5 meses, ganhei teu livro *A cura do cérebro*, pelas mãos do meu pai (já faleceu de AVC), que havia comprado e lido para se inteirar mais sobre nossa doença. Confesso que guardei na cabeceira da cama e demorei anos para lê-lo. Na época da pandemia, quando comecei a me sentir mais confortável com a doença e resolvi escrever minhas histórias, passei a buscar relatos de avecistas e fui ler teu livro junto com outros. Li muitos relatos. Mas, o teu, eu li 4 vezes."

Roni C., 58 anos
Uruguaiana, RS

BIBLIOGRAFIA E REFERÊNCIAS

DAMÁSIO, António. *The feeling of what happens*. Nova York: Harcourt, 1999.

FÓZ, Adriana. *Lidando com frustrações*. São Paulo: Benvirá, 2024.

FÓZ, Adriana; NASSAR, Lara. Fostering Emotional Plasticity in Acquired Brain Injury Rehabilitation. *Journal of Psychosocial Rehabilitation and Mental Health*, [s. l.], v. 11, p. 115-119, dez. 2023. (https://doi.org/10.1007/s40737-023-00300-1).

GOLDBERG, Elkhonon. *The executive brain*. Nova York: Oxford University Press, 2001.

LENT, Roberto. *Cem bilhões de neurônios*. São Paulo: Atheneu, 2001.

LUNDY-EKMAN, Laurie. *Neurociência*: fundamentos para a reabilitação. São Paulo: Elsevier, 2004.

ORTIZ, Karin Zazo; FÓZ, Adriana *et al. Avaliação neuropsicológica*. São Paulo: Vetor, 2008.

SITES CONSULTADOS

Dr. Dráuzio Varella
www.drauziovarella.com.br

Organização Mundial da Saúde (OMS)
http://www.who.int/en/

Site do Datasus (Sistema de Registro do Ministério da Saúde)
www.datasus.gov.br

NA PRÁTICA
EXERCITANDO A PLASTICIDADE EMOCIONAL

Este capítulo passou a fazer parte do livro em sua 3ª edição, no formato de encarte. Foi preparado para atender aos pedidos de muitos leitores, interessados pelo conceito da plasticidade emocional. Então aqui vai um pouco mais da teoria que criei a partir de minha reabilitação e do trabalho com os meus pacientes.

Plasticidade emocional é traduzida no treino consciente de certas competências, as quais podemos desenvolver para promover, recuperar ou modificar nosso desempenho. É um conjunto de competências emocionais que podem ser estimuladas para que possamos melhorar nosso desempenho e bem-estar. Recentemente publiquei um artigo na revista internacional científica *Journal of Psychosocial Rehabilitation and Mental Health*, intitulado "Fostering emotional plasticity in acquired brain rehabilitation". No artigo procuro lastrear cientificamente as técnicas que utilizei para me reorganizar emocionalmente. Ou ainda a importância das condições psicológicas na reabilitaçao de traumas cerebrais. É muito gratificante ver que muitos estudos também evidenciam o papel das emoções no desenvolvimento humano.

> Emoções são mecanismos intrínsecos ao ser humano. As bases neurobiológicas das emoções e suas redes neurais só comprovam que há mais coisas entre o cérebro e o corpo do que pode imaginar nossa vã filosofia, parafraseando William Shakespeare. Existem, sim, as emoções e um universo de sentidos que precisam ser desvelados e vivenciados – e tomara que sejam.
>
> E você, já parou para reconhecer suas emoções e dar o devido valor a elas?

Aqui, descrevo brevemente cada uma das 14 competências emocionais que sugiro serem importantes para você treinar e poder atingir seus objetivos, independentemente de quais forem. Isso porque a ideia está alicerçada na sua singularidade, na sua conectividade, no seu bem-estar e no daqueles que estão conectados à você. Não pretendo reinventar a roda, tampouco criar uma teoria milagrosa. Você vai ver como é simples e está ao seu alcance.

COMPETÊNCIAS PARA A PLASTICIDADE EMOCIONAL

São 14 competências organizadas em quatro grupos:

- **Competências inovadoras**: criatividade, intuição e otimismo;

- **Competências conectivas:** empatia, generosidade, gratidão, gentileza e autocuidado;

- **Competências executivas**: perseverança, foco, coragem e resiliência;

- **Competências pacificadoras**: paciência, perdão e fé.

1. Criatividade/Inovação
Produzir ou tornar algo novo de modo criativo. Inventar ou imaginar; solucionar com novidade. Resolver um problema com inventividade, utilidade e maestria.
Criar valor com renovação e ousadia.

2. Intuição
Conhecimento direto e espontâneo sobre uma verdade de qualquer natureza, que serve de base para o raciocínio e remete não apenas às pessoas e coisas, mas também às relações entre elas. Ou ainda a capacidade de um indivíduo emitir julgamentos exatos e justos sem justificativa lógica e sem necessidade de análise.
Estar com o cérebro e o coração sintonizadíssimos.

3. Otimismo
O sorriso, a risada verdadeira e genuína. É o exercício de achar que tudo está ótimo, apesar das adversidades. Não é negar a realidade, tampouco negar o hoje ruim, mas sentir que amanhã poderá melhorar. Disposição natural ou adquirida para o ótimo ou para o melhor.
Disponibilidade de ver as coisas pelo lado bom e positivo e esperar sempre por um desfecho favorável.

4. Empatia
Habilidade de se imaginar no lugar de outra pessoa. Compreensão de sentimentos, desejos, ideias e ações de outrem. Exige um ato de envolvimento emocional e/ou cognitivo em relação a uma pessoa, um grupo ou uma cultura. Capacidade de interpretar padrões não verbais de comunicação para interpretar o sentimento do outro.
Encaixar o seu coração no coração do outro.

5. Generosidade
É o oposto de ser mesquinho.
É fazer algo de bom e de bem ao outro, com gratuidade.

6. Gratidão
Agradecimento pleno, reconhecimento verdadeiro.
Dar graças a Deus, ao outro e ao acontecido.

7. Gentileza/Autocuidado
Ato de educação, de respeito ao outro, sendo gentil, amável e cordial.
Gente que é gente aquece e enfeita o coração do outro.
Autocuidado é o poder de olhar para si mesmo e sentir que merece e deve se cuidar. Aceitar seus erros e suas imperfeições e, apesar disso, se dar colo, cultivando humildade e amor-próprio.
Abraçar-se para esquentar a alma, o corpo e o coração.

8. Perseverança
Qualidade de quem persevera; persistência bem forte e constante; firmeza nos propósitos; tenacidade e disciplina para a conquista de algo.
Ato de realizar misturado à esperança em fazer grande diferença.

9. Foco
Ponto de conversão da atenção.
Corpo e mente concentrados e atentos no alvo de interesse.

10. Coragem
Destemor. Enfrentar o outro ou uma situação com bravura. Atitude de enfrentamento.
Coração forte.

11. Resiliência
Entendida a partir de uma propriedade material: a elasticidade que faz com que certos corpos ou estruturas deformadas voltem à sua forma original. Aplicando em nossas vidas, é a capacidade de adaptação e recuperação mediante uma adversidade. É diferente de resignação e aceitação, vai bem além.

Quando pensamentos e sentimentos são flexíveis e maleáveis, resultam em elasticidade mental, força emocional e sabedoria.

12. Paciência
Manter o autocontrole e a calma diante de uma tarefa ou de um acontecimento que exige um tempo maior de espera do que o imaginado.
Cultivar a sabedoria para o bem-estar.

13. Perdão
Aceitar um fato ou outro de bom grado. Perdoar pode ser bem difícil, mas é libertador e de grande sabedoria.
Dar um presente ao seu coração depois de grande esforço.

14. Fé
Convicção de que algo aconteça mesmo que todo o resto indique o contrário, ou mesmo que não haja comprovação.
Confiança total no outro, na vida ou em uma ação/situação.

Descobri que podemos otimizar nossa mente e colaborar para alcançar nossos objetivos, usando a plasticidade emocional. Ou seja, podemos treinar as competências apresentadas para nos tornarmos seres humanos ainda mais completos, mais realizados e mais plenos de nossas capacidades.

TREINANDO A PLASTICIDADE EMOCIONAL PARA SUPERAR DESAFIOS

1. O que você busca curar, melhorar, mudar ou resolver em sua vida? Deseja curar algo em sua mente? Em seu corpo? Em suas emoções?
___
___
___
___

2. Aprendi também que para tudo que queremos e precisamos de verdade é necessário o esforço. É importante identificar objetivos e metas. Reflita sobre o que deseja melhorar em sua vida. Depois, escolha um objetivo, dos vários que você possa ter e escreva um deles a seguir.
___
___
___
___

3. Para atingirmos o objetivo, devemos traçar metas. Descreva três metas para seu objetivo.

Meta 1: ___
___
___

Meta 2: ___
___
___

Meta 3: ___
___
___

4. Também percebi, por meio de minha reabilitação, que existem prioridades e certos critérios do próprio cérebro aos que eu devia prestar atenção, seguindo a devida ordem. Ou ainda, precisamos organizar a sequência de nossas ações.
Das três metas, escreva aqui a sua prioridade.

_____
_____
_____
_____
_____

Escreva agora qual foi o critério para definir a sua prioridade.

_____
_____
_____

Obs.: Os critérios e as prioridades podem mudar, porém, vale a pena deixar o registro para você acompanhar o seu processo de escolha, ou melhor, de tomada de decisão.

AGORA, VAMOS REFLETIR...

5. Não há nada na vida que não necessite de esforço. Até ficar parado consome calorias, ou seja, faz o corpo se esforçar. Dormir também é trabalho, pois algumas áreas do cérebro não estão dormindo nesse momento, por exemplo. Então, o que te motiva? O que te move? O que te faria empenhar certo esforço?

_____
_____
_____
_____
_____

6. Pinte cada régua a seguir, da esquerda para a direita, de acordo com a sua facilidade em cada uma das competências emocionais:

	Pouco	Regular	Bom

1. Criatividade/ Inovação

2. Intuição

3. Otimismo

4. Empatia

5. Generosidade

6. Gratidão

7. Gentileza/ Autocuidado

8. Perseverança

9. Foco

10. Coragem

11. Resiliência

12. Paciência

13. Perdão

14. Fé

EXERCITANDO SUA PLASTICIDADE EMOCIONAL

Registre aqui como pretende desenvolver/treinar cada uma das competências escolhidas para colaborar com seu objetivo.

1. Identifique pelo menos três competências que são mais "ativadas" em você. Quais competências são suas fortalezas?

_____
_____
_____

2. Identifique pelo menos duas competências que gostaria de treinar para seu maior bem-estar. Quais são suas duas competências mais frágeis?
_____
_____

3. Quais competências são necessárias para você alcançar suas metas e seus objetivos? Escolha pelo menos três.
_____
_____

4. Para facilitar seu treino, crie um roteiro simplificado do exercício a seguir:

Seu momento 1 (atual) – data: __ / __ / ____
Objetivo: _____
Metas: _____
Suas prioridades: _____
Suas três competências para a plasticidade emocional: _____
_____

Seu momento 2 (2 a 4 meses) – data: __ / __ / ____
Objetivo: _____
Metas: _____
Suas prioridades: _____
Suas três competências para a plasticidade emocional: _____
_____

Seu momento 3 (4 a 6 meses) – data: __ / __ / ____
Objetivo: _____
Metas: _____
Suas prioridades: _____
Suas três competências para a plasticidade emocional: _____
_____

Anote e/ou cole em sua agenda os momentos 1 e 2. Recorte o momento 3 e peça para uma pessoa especial, e de sua confiança, colocar no correio endereçado à você. A pessoa não precisa ler, se você assim desejar.

Ao recebê-lo, compare com os momentos anteriores. Sinta e reflita de acordo com seus aprendizados e use de estímulo e motivação para suas conquistas! O nosso cérebro é plástico.

Espero emocionar você!

www.adrianafoz.com.br
Facebook: /adrianafoz
Instagram: @adrianafoz
E-mail: adriana@adrianafoz.com.br
Telefone: (11) 3034-2560

GUIA
INFORMAÇÕES GERAIS SOBRE O AVC

Você sabia que o correto, do ponto de vista da neurologia e neurociências, é AVE (Acidente Cerebral Encefálico), e não AVC?

Veja, o cérebro é só uma parte de todo encéfalo. Ou seja, o encéfalo corresponde ao cérebro + cerebelo + diencéfalo (tálamo + hipotálamo) + mesencéfalo + bulbo + ponte (tronco cerebral) e outras estruturas.

Mas neste livro usei o convencional AVC que se caracteriza pela instalação de um problema ou déficit neurológico, determinado por uma lesão ou malformação cerebral, secundária a um mecanismo vascular e não traumático. Quando é trauma, chama-se traumatismo crânio encefálico (TCE). De acordo com a literatura, podemos encontrar AVCs secundários na embolia arterial e processos de trombose arterial e/ou venosa, causando, assim, isquemia e/ou hemorragia cerebral. Logo, o **AVC-I**, é causado pelo entupimento de um vaso ou por uma isquemia e o **AVC-H** é causado por uma hemorragia, ou ainda um vazamento do sangue.

É importante que possamos **prevenir** e **promover** a qualidade de vida para os casos de AVC diminuírem. Veja que boa notícia: **até 90% dos casos podem ser evitados** com mudanças no estilo de vida e controle dos fatores de risco. Alguns destes fatores são: hipertensão, diabetes, colesterol alto, tabagismo, sedentarismo e obesidade. Alguns outros fatores coadjuvantes podem ser a depressão, o excesso de ansiedade e o estresse nocivo.

Logo, fazer regularmente check-ups com seu médico é condição *sine qua non*.

Cada vez mais indivíduos, sejam homens, mulheres ou, mais recentemente, crianças e adolescentes, estão sendo acometidos pelo AVC. E, cada vez, além de um acidente vascular cerebral, o AVC é um **acidente na vida coletiva**, pois afeta toda a família dessa pessoa e a sociedade em geral.

Geralmente, as vítimas de derrame costumam sofrê-lo em uma idade bem mais avançada, tendo, em consequência, muito menos estímulos e menos energia para buscar sua autonomia por meio da reabilitação. Acredito que esse seja o pior estigma existente em relação à diminuição das chances de recuperação: considerar-se velho ou julgarem o paciente idoso e decidirem não valer a pena empreender a maximização de esforços em busca pelos caminhos da reabilitação.

Se nos atentarmos para a realidade, envelhecemos desde que nascemos. Passamos por um processo de maturação cerebral até aproximadamente 28 anos de idade, mas nos desenvolvemos desde que somos um embrião até o último suspiro. Vida é ter a oportunidade de transformar-se. A vida é plástica!

Além disso, a OMS aponta o aumento de casos de derrames cerebrais em indivíduos bem mais jovens – por volta dos 30 anos de idade –, além de casos mais remotos em crianças.

Essa tendência já se confirma no Brasil, de acordo com o Datasus, o banco de dados do Ministério da Saúde. Entre 1998 e 2007, houve um crescimento de 64% nas internações por AVC entre homens de 15 a 34 anos, e de 41% entre mulheres na mesma faixa etária. Entre 2012 e 2017, houve nos hospitais do SUS internação de 32 mil mulheres de 20 a 44 anos, vítimas de AVC. Entre os homens da mesma faixa etária, nesses mesmos cinco anos, houve 28 mil internações por AVC. Ou seja, o sexo feminino e os jovens devem se informar e se prevenir!

No ano de 2020, dados do Sistema de Informações sobre Mortalidade (SIM), do Datasus – registraram 99.010 mortes por AVC no Brasil.

ALGUNS SINAIS QUE PODEM INDICAR A OCORRÊNCIA DE AVC

O AVC manifesta-se de modo diferente em cada indivíduo, pois depende:

- da área do cérebro atingida e do tamanho dela;
- do tipo (isquêmico ou hemorrágico);
- do estado geral do paciente;
- da idade,
- de características biogenéticas e outras.

Um dos principais indícios da ocorrência de um derrame é a rapidez com que aparecem as alterações. Dentre elas, as mais comuns são:

- **Fraqueza ou adormecimento** de um membro ou de um lado do corpo, com dificuldade para se movimentar;
- **Alteração da linguagem**, pois a pessoa passa a falar "enrolado" ou sem conseguir se expressar ou sem conseguir entender o que lhe é dito;
- **Perda de visão** de um olho ou parte do campo visual de ambos os olhos;
- **Dor de cabeça súbita** – semelhante a uma "paulada" – sem causa aparente, seguida de vômitos, sonolência ou coma;
- **Perda de memória, confusão mental e dificuldades para executar tarefas habituais.**

SALVE UMA VIDA

Há uma sigla muito efetiva para o leigo poder identificar se algo de "errado" no cérebro pode estar acontecendo:

SAMU-192
S de sorria
A de abrace
M de música
U de urgente

Se pedir para a pessoa sorrir e receber um sorriso torto; se pedir para a pessoa um abraço apertado ou aperto de mão firme e perceber um gesto muito fraco ou ela nem conseguir obedecer ao comando; se pedir para a pessoa cantar uma música conhecida por ela e as palavras não saírem ou fizer confusão, esses são sinais de URGÊNCIA! Ligue 192.

Tais sintomas ou alterações não são exclusivos do AVC. Porém, servem como sinais de alerta de que algo de errado pode estar acontecendo com a pessoa. **Procure auxílio hospitalar e médico imediatamente.**

20 DICAS PARA MELHOR COMPREENDER E ATENDER QUEM VIVEU UM AVC

Para você que é parente, amigo ou um profissional das áreas de Saúde e Educação, tais como Psicologia, Psicopedagogia, Terapia Ocupacional, Neuropsicologia, Fonoaudiologia, Neurologia, Enfermagem e afins, reuni a seguir algumas dicas simples sobre o manejo com quem viveu um acidente vascular cerebral.

1. **Seja compreensivo e carinhoso.** Para o cérebro em recuperação se restabelecer, ele precisa de tempo.

2. **Fale com calma, voz baixa e pausada.** Deixe o ritmo da vida atribulada de lado. Fale olhando nos olhos.

3. **Seja paciente se tiver que explicar várias vezes a mesma coisa.** Lembre-se de que o cérebro de quem sofreu o derrame ainda não está funcionando normalmente.

4. **Os remédios tornam muito lenta a competência cognitiva.** Incentive o paciente, dizendo que é só uma fase, e antecipe qual será a fase seguinte. Assim, ele se sentirá mais seguro.

5. **Apesar de "por fora" parecer que está bem, "por dentro" a mente-cérebro parece um "fliperama"**. Não fale alto, não exponha o paciente a muitos estímulos visuais e situações de estresse emocional, se possível.

6. **O contato com o corpo é muito importante**. Faça uma massagem, um carinho ou simplesmente um toque. Esteja muito atento à resposta corporal.

7. **Não tenha pressa**. É importante estimular o cérebro sempre. Mas é igualmente importante respeitar a energia disponível.

8. **Incentive situações de relaxamento**. Respeite os horários de sono.

9. **Após um derrame, o mundo é visto e percebido assim como sentem os olhos de uma criança**. Esse fato não é preguiça nem ignorância, mas uma limitação e uma estratégia momentânea do próprio cérebro.

10. **Todo cérebro está sempre aprendendo**. Inclusive o de quem sofreu um derrame cerebral. Portanto, é importante acreditar na recuperação total.

11. **Um passo por vez e um dia por vez são estratégias potentes**. Como em um quebra-cabeça embaralhado, é importante selecionar "uma peça por vez" para remontar o cérebro.

12. **Não facilite as ações que podem ser desempenhadas**. Só exercitando a mente e o corpo é que se consegue recuperar ou melhorar as funções neurocognitivas.

13. **Incentive e oriente o que motiva, interessa e dá prazer**. Ao longo desta "estrada" é que serão refeitas competências e criadas "pontes" para alcançar novas possibilidades.

14. Lembre-se: todas as pessoas mudam todos os dias. Um exemplo: trocamos células diariamente. Para quem sofreu um AVC, não é diferente. É importante demonstrar que há cumplicidade e transformação tanto para quem viveu o derrame quanto para quem está próximo.

15. Organizar uma equipe de cuidadores é muito valioso. Quem está muito perto vai se cansar. A diversidade e o comprometimento dos apoios fará muita diferença.

16. Lembre-se de que a baixa estima, a dificuldade no autorreconhecimento, os medos e as angústias estarão muito presentes. Ajude o paciente a recuperar imagens de si mesmo e a valorizar novas habilidades e aprendizados.

17. A fé na vida e a ajuda ao próximo são fundamentais, mesmo que simbolicamente, para o processo de reabilitação. O contato com quem precisa ainda de mais cuidados ou quem tem ainda outras dificuldades pode ser muito importante.

18. Foque no que é competente para fazer e no que não é. Preste ajuda sem cobranças ou descrédito. Cultive a autogentileza e o autocuidado.

19. Valorize quem a pessoa é, o que ela já viveu e o que ainda viverá.

20. O cérebro é um órgão plástico, logo é capaz de adaptar-se e mudar por meio da interação com o meio ambiente, relação com outros seres vivos e tecnologias. No entanto, é singular. As evidências da plasticidade cerebral e da plasticidade emocional são uma injeção de ânimo e um desafio muito especial para todos os envolvidos.

ONDE EXISTE INFORMAÇÃO, ESPERANÇA E AÇÃO, EXISTE SUPERAÇÃO!

Compartilhando propósitos e conectando pessoas
Visite nosso site e fique por dentro dos nossos lançamentos:
www.gruponovoseculo.com.br

- facebook/novoseculoeditora
- @novoseculoeditora
- @NovoSeculo
- novo século editora

Edição: 4ª
Fonte: Crimson Pro

gruponovoseculo.com.br